街道空间治理的"减法"与"加法"
——深圳市龙岗区城市家具设计导则

深圳市龙岗区城市管理和综合执法局 / 深圳市城市规划设计研究院股份有限公司

主 编：张玉庆 罗 雅 于光宇 黄卫东

天津大学出版社
TIANJIN UNIVERSITY PRESS

图书在版编目（CIP）数据

　　街道空间治理的"减法"与"加法"：深圳市龙岗区城市家具设计导则 / 张玉庆等主编 . -- 天津 ：天津大学出版社，2023.7
　　ISBN 978-7-5618-7476-9

　　Ⅰ．①街… Ⅱ．①张… Ⅲ．①城市空间－空间规划－研究－深圳 Ⅳ．① TU984.2

　　中国国家版本馆 CIP 数据核字（2023）第 087098 号

策划编辑　　黎恋恋
责任编辑　　黎恋恋
装帧设计　　潘雨笛　逸　凡

JIEDAO KONGJIAN ZHILI DE "JIANFA" YU "JIAFA" —— SHENZHEN SHI LONGGANG QU CHENGSHI JIAJU SHEJI DAOZE

出版发行　天津大学出版社
地　　址　天津市卫津路 92 号天津大学内（邮编：300072）
电　　话　022-27403647
网　　址　publish.tju.edu.cn
印　　刷　北京华联印刷有限公司
经　　销　全国各地新华书店
开　　本　889mm×1194mm　1/16
印　　张　17.5
字　　数　367 千
版　　次　2023 年 7 月第 1 版
印　　次　2023 年 7 月第 1 次
定　　价　150.00 元

前言
Preface

2015 年 12 月 24 日发布并施行的《中共中央 国务院关于深入推进城市执法体制改革改进城市管理工作的指导意见》（中发［2015］37 号）提出："加强城市公共空间规划，提升城市设计水平。加强建筑物立面管理和色调控制，规范报刊亭、公交候车亭等'城市家具'设置，加强户外广告、门店牌匾设置管理。"由此，"城市家具"的设置正式成为我国完善城市管理的内容之一。随着中国城市管理进入新的发展时期，深圳也面临着新的建设要求。为贯彻党的二十大精神，中共深圳市委七届六次全会指出，深圳要创新城市治理方式，注重在科学化、精细化、智能化上下功夫，对标国际先进城市，提升城市精细化管理服务水平，进一步提高城市发展质量，努力让城市更有序、更安全、更美好。

街道，不仅是城市设计和治理的对象，更是市民公共生活的场所。如果把城市比作"家"，那么街道就是"客厅"，街道两侧的路灯、座椅乃至垃圾桶、花箱等都是"家具"。简洁、实用、耐看的城市家具能够彰显城市品质，展现"家"的温度。因此，城市家具是街道空间的一部分，城市家具设计是街道空间设计的重要内容，伴随着街道空间治理的全过程。

龙岗区位于深圳市东北部，是深圳在粤港澳大湾区建设中发挥引领作用的重要支撑点，也是深圳市的工业大区和产业强区。为了更好地建成现代化、国际化、创新型的高水平深圳城市东部中心和幸福家园，并响应龙岗区委区政府《"美丽龙岗，精彩蝶变"行动方案（2021—2023）》的工作要求，特开展《街道空间治理的"减法"与"加法"——深圳市龙岗区城市家具设计导则》的编制工作，希望助力龙岗区打造既有"面子"又有"里子"，既有"颜值"又有"内涵"的美丽街道，并为市民提供更安全、更舒适、更便捷的街道空间。

目 录·
CONTENTS

7 典型空间设计
Typical Space Design

8 整治提升指引
Improvement Guidelines

6 家具组合设计
Furniture Combination Design

1

引言
Foreword

认识城市家具
Meet the Urban Furniture

1. 城市家具的缘起

早在古希腊和古罗马时期，城市中的石板、车棚、花坛等就已经发展成一套完整的体系。18 世纪工业革命后，城市化进程加快，城市人口比重增大，加之受技术进步影响，城市家具的种类和数量大幅增加，欧洲城市出现了信息设施、卫生设施、道路照明设施、安全设施、娱乐服务设施等。在许多发达国家，城市家具的概念也早已深入人心。19 世纪后叶，美国、日本等发达国家学者开始对城市家具进行系统研究，并考虑其与城市发展的融合关系。进入 21 世纪，城市家具作为城市规划、建筑设计、环境景观设计、室内设计中的一项重要设计要素，在城市中得以广泛应用，并发挥着重要作用[1]。

在我国，率先使用"城市家具"一词的是漆德琰（1998）[2]，但城市家具在我国系统发展的时间较短，一度缺乏权威的定义。一部分专家学者认为，城市家具是指城市中的各种户外环境设施[3]；一部分专家学者强调，城市家具中"家具"的概念是对室内生活的延伸[4]；还有一部分专家学者认为，城市家具既包括公共的，也包括私人的[5]，一些满足公共使用需求的私人物件也可以被纳入城市家具的概念范畴。虽然不同专家学者对"城市家具"这一词汇的理解有所差异，但所有观点都或多或少地表达出了一个共同特征，城市家具是为人提供户外活动服务的一类城市公共设施。

2. 城市家具的定义

"城市家具"在不同的文献中会被称为"街道家具"（Street Furniture）、"城市元素"（Urban Elements）、"城市环境设施"、"城市街道家具"或"街道附属设施"等[6]。虽然这些名称意思相近，但从直观释义上仍可看出差别。首先，"城市"比"街道"覆盖的空间范围更广，包含了街道、广场、公园、滨水空间、邻里活动空间等各类城市公共空间。因而，相较于"街道家具"，"城市家具"在实际的城市环境中更具广泛适用性。其次，"家具"比"元素"或"设施"更具人文关怀和温度，蕴含了人们对城市生活如家般的憧憬。2015 年 12 月 24 日发布并施行的《中共中央 国务院关于深入推进城市执法体制改革改进城市管理工作的指导意见》，其中就提出了"城市家具"的概念并将其作为中国城市建设管理工作的一项重要内容。出于上述考虑，本导则采用"城市家具"而非"街道家具"的概念，探讨对象为街道上的"城市家具"。

2019年，中国标准化协会发布的团体标准《城市家具系统建设指南》（T/CAS 368—2019）明确提出了城市家具的定义。

城市家具（Urban Furniture）：设置于城市道路、街区、公园、广场、滨水空间等城市公共空间中，融合于环境，为人们提供公共服务的各种公共环境设施的总称[7]。

结合相关研究，"城市家具"主要具有以下几层要义：

（1）城市家具的应用范围是广义的城市公共空间，不仅仅局限于街道或某类公共空间中；

（2）城市家具的设置应以满足人的使用需求为核心，体现如家般的城市温度，同时追求一定的视觉效果和审美艺术；

（3）城市家具除了由政府配置外，还应积极鼓励社会主体参与共建、共治、共享，一些满足公共使用需求的私人物件也可纳入城市家具设计导控的范畴。

3. 城市家具的分类

近年来，学界一直不乏对城市家具和街道家具分类方法的探讨。例如，万敏等通过对城市公共环境设施的全面梳理，归结出至少121种城市公共环境设施的小类清单，并立足人与环境关系的视角，从步行者、骑行者以及残疾人等弱势群体的交通需求、信息需求、便民服务、安全防护、小品设施等使用功能进行细分，形成5个大类、54个小类组成的城市家具分类体系，剩余的设施则可归并至交通工程、市政工程等另外两大领域的规划设计、建设与管理体系中[8]。鲍诗度等在《城市家具建设指南》一书中提出了一套涵盖城市家具系统规划、系统建设、布点设计、单体设计、维护管理等较为完善的理论体系[9]。在该理论体系基础上，中国标准化协会发布了城市家具系列团体标准，综合考虑城市家具的功能属性和管理归属，对城市家具各类设施进行系统分类，分为交通管理、城市照明、路面铺装、信息服务、公共交通、公共服务6个系统45类设施[7]，这是目前公开发布的较为权威的分类体系。本书以此作为主要分类依据，结合深圳市龙岗区的城区建设特征和街道空间现状，将街道城市家具分为6个系统40类（详见第二章）。

12 城市家具的特性、作用和趋势
Characteristics, Functions and Trends

1. 城市家具的特性

1）公共性

城市家具处于开放的城市公共空间中，公共性是它的首要特性。不管是政府还是私人提供的城市家具，均应以满足人（公众）的使用需求为前提，在物质上和精神上都以人（公众）为核心，设施应具有亲和力，能够与公众产生积极对话。

2）实用性

城市家具是回应人的城市公共生活需求的产物。城市家具的设计应充分体现其功能特性和人性化设计，满足"好用"的本质要求；同时，城市家具处于户外环境中，加之具有反复使用的特性，使得其对材料的耐久度有很高的要求。"好用"且"耐用"是城市家具需要具备的重要特性。

3）系统性

城市家具之间应具有较强的关联性，相互依存、各司其职。单体家具的位置、形态、颜色、样式等要素的设置均应考虑其与周边环境或要素的协调关系，对城市家具进行系统性布置，形成良好的秩序。

4）场所性

城市家具是人们在公共空间中近距离频繁使用的城市元素，相对于纯艺术品和纯工业产品，它们与人和环境的关系更为紧密，给人们带来最直接、最亲近的场所体验，具有强烈的场所性特征。因此，与周边环境的协调是城市家具设计的基本要求，特定的场所赋予了城市家具的功能，好的城市家具也塑造着周边的场所气质[10]。

5）艺术性

城市家具的设计往往将文化与艺术相融合，注重其造型、色彩、质感与比例关系，运用象征、秩序、夸张等手法对家具固有功能进行艺术化呈现，使其给予人们视觉上的快感，传递当地的历史文化与民俗风情，并与其他实体一起组成城市的形象，反映城市特有的风貌与色彩，表现城市的气质与性格，同时体现出城市居民的精神文化素养[11]。

2. 城市家具的作用

城市家具与城市公共空间品质和城市魅力息息相关，是市民生活、文化精神、城市综合实力和管理水平的体现，对于提升城市环境和服务品质具有重要的作用，具体包括：

（1）直接满足市民生活需求，承载人的户外活动需要，促进人类社会交流，增进社会和谐；

（2）协调人与城市环境的关系，将人与城市连接得更加紧密，提高城市公共空间质量，塑造城市活力；

（3）装饰和美化城市环境，增添独特的生活情调以及必要的环境氛围，塑造独特的城市形象；

（4）代表城市的软实力，是城市文化传播的强势媒介，体现城市的历史文脉、时代精神和文化状态，其建设品质直接影响城市文明的建设以及城市名片的传播。城市家具与空间的契合度越高，人们越能感受到空间所蕴含的文化内涵，获得独特的场所体验[12]；

（5）好的城市家具将提升城市运转的效率，在很大程度上推动着城市的旅游经济发展。

3. 城市家具的发展趋势

我国城市家具的发展历程较短，其设计、建设和管理水平不够完善，存在一些典型问题，如：

（1）设置缺乏合理性——目前城市家具的设置多为问题导向，是需要解决的"急救"产物，缺乏完整、系统的考虑，单体家具组合方式不当，有时候给人一种"各自为政"的感觉，"总量不足"和"闲置不用"的现象并存[13]；

（2）设计缺乏科学性与针对性——由于缺乏针对性的设计专业，城市家具多为流水线批量生产，对城市家具的需求更多地强调其功能性，缺乏对艺术美学的考虑，忽视人文关怀，使得部分城市家具与环境的协调度低，缺乏特色与辨识度；

（3）管理维护缺乏可持续性——很多城市家具因材料、功能等因素易出现脏污、磨损等问题，但因管理维护不当，部分城市家具受损后不能及时得到修复或更换，缩短了使用寿命。

近年来，我国众多城市已从增量发展进入存量精细化营造的新阶段，居民对城市生活品质的关注度不断提升。各地区政府对城市家具的作用和价值有了更深刻的认识，越来越追求城市家具的系统化科学设置、人性化个性设计与可持续的精细维护，相继出台了专门的规定和办法。

城市家具的设计趋势从满足基本使用功能向关注使用体验的方向发展，展现出更多的人情味，如细部设计更加符合人体尺度要求，布设的位置、方式、数量更加考虑人群的行为心理需求[14]。由于科学技术的发展，很多高精尖的科技成果也迅速应用于城市设施中，城市家具的材料、颜色、造型呈现出多样化趋势，更加个性化、艺术化，大大丰富了城市景观，创造更加富有趣味、特色的城市空间。人们对生态环境的重视促生了生态型的城市综合景观系统，对城市家具也越来越关注其环保、自然、节能、生态等内容。可持续发展的标准逐渐运用到城市家具的设计和项目实施中，包括新能源、新技术开发等。城市家具设计、生产等过程应尽可能降低能耗，使用设计合理、拆装方便的结构，便于后期维护、回收、再利用，实现闭环式产品生命周期[15]。

城市家具与街道空间治理
Urban Furniture and Street Space Governance

1. 城市家具与城市街道

街道作为重要的城市公共空间，既是城市交通的主要载体，也是居民认识城市和参与城市生活的基本单元[16]。街道是城市公共空间中面积最大、使用频率最高的空间类型，承载着通行、娱乐、休憩等多元化功能，是一个以人为本、品质安全的空间场所，是城市居民生活的转换中枢。每个人都会通过街道的面貌，建立起对一个陌生地区或城市最初的感知与印象。

大部分"城市家具"位于城市的街道空间当中，这也是很多国家和地区称其为"街道家具"的原因。城市家具的品质在很大程度上影响街道空间的品质。相较于其他城市公共设施，"城市家具"与人的关系更为亲近，其功能品质或美感上趋好的变化更容易被人们所感知，从而给人带来实实在在的获得感。

在老旧城区的有机更新中，街道空间基本定形，对建筑、绿化、交通断面空间等实施整体改造的成本高、难度大，而对城市家具实施整治则相对容易。近年来，改造、增设城市家具逐渐成为提升街道空间品质的重要手段。

提升城市家具品质是完善城市空间治理的重要内容之一，以渐进式、伴随式为特征的"治理式设计"成为城市家具设计的重要趋势。

2. 街道空间治理的"减法"与"加法"

"减法"（subtraction）与"加法"（addition）是数学中的基本运算方法。在城市更新中，"加法"泛指设计要素的积集聚合，"减法"则指对基本设计元素的减少消融，其目的都是使原有的城市空间更加符合人们多样的使用需求。

不同于新城区，成熟城区的城市家具设置需要先做"减法"再做"加法"，将城市家具设计与城市空间的有机治理相结合，形成"整治—设计—治理"的全过程良性循环模式。

首先，通过"整治"给城市街道空间做"减法"，以问题为导向，对街道城市家具开展前期清理整治，减掉脏污、破损、冗余、混杂的城市家具及元素，还原整洁、畅通、清爽的街道空间与城市面貌，让大部分城市家具做好城市的"配角"，从"高调凸显"到"低调隐藏"。

而后，通过"设计"有针对性地做"加法"，以人的需求为核心，结合艺术、科技、生态等适宜的技术手法，在街道中合适的位置给城市画上点睛之笔，打造有特色、有温度、有品质的街区空间。合适位置主要基于人的分布和行为路线进行判断，如道路交叉口、地铁站点出入口、公交站等候空间、学校出入口、产业园区出入口等典型空间。

"减法"和"加法"的环节都离不开可持续的城市管理治理机制。在"减法"环节，需要减掉多头繁复的管理，通过部门统筹，明确城市家具整治的标准和职责分工，疏通清理整治的程序；在"加法"环节，需要提供与设计配套的管理维护标准和流程，加强专业培训，建立城市家具管理台账，形成精细化、可持续的常态化维护机制。

2 龙岗区城市家具体系
Longgang Urban Furniture System

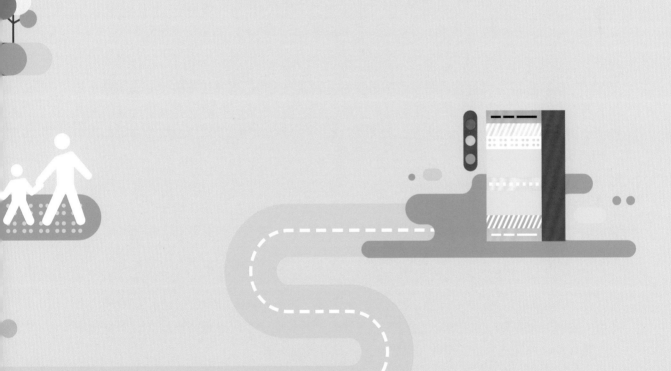

龙岗区概况
Overview of Longgang District

打造创新龙岗、东部中心、
产业高地、幸福家园新目标

**——《深圳市龙岗区国民经济和社会发展
第十四个五年规划和二〇三五年远景目标纲要》**

2021 年 7 月 22 日，龙岗区发展和改革局发布《深圳市龙岗区国民经济和社会发展第十四个五年规划和二〇三五年远景目标纲要》，阐述龙岗区"十四五"时期的发展定位、发展目标等内容。

到 2025 年，推动龙岗经济实力再上新台阶，领跑全国工业百强区，高质量发展、可持续发展成为全省乃至全国城区范例，基本建成现代化国际化创新型的深圳城市东部中心，打造深圳都市圈区域城市中心，基本实现社会主义现代化。建设"创新龙岗、东部中心、产业高地、幸福家园"。

实施"一芯两核多支点"发展战略，建设现代化国际化高品质城区。围绕"一芯""两核""多支点"主体功能布局，构建现代化城市空间格局，高标准、高水平建设重点区域，打造新型智慧城市标杆，努力建成现代化国际化活力型高品质城区。

建立城市管理长效机制，常态化完善基础设施，做实城市精细化管理，在交通秩序、城中村整治、城市面貌和绿化品质提升等方面，更加注重在治本上下功夫，推动共建共治共享，增强市民的家园感和归属感。

龙岗龙城广场九龙雕塑

一年见成效，两年大跨越，三年精彩蝶变

——《"美丽龙岗，精彩蝶变"行动方案（2021—2023）》

2021年6月17日，中共深圳市龙岗区委办公室、深圳市龙岗区人民政府办公室印发《"美丽龙岗，精彩蝶变"行动方案（2021—2023）》，阐述工作目标与专项行动，明确城市家具设计与管养相关要求。

深入贯彻落实习近平总书记关于城市管理工作系列重要论述精神以及深圳市第七次党代会精神，以绣花的功夫推进城市精细化管理，坚持综合施策、精准治理，坚持高标准规划设计、高水平建设管理城市，坚持统筹兼顾、分类分步推进"美丽龙岗"建设，新时代以新担当、新作为，为深圳建设中国特色社会主义先行示范区、创建社会主义现代化国家的城市范例做出龙岗新贡献。

城市家具"国际范"

打造更自然、更人文、更有活力、更有温度的湾东绿都、美丽龙岗，为全区经济社会高质量发展提供高品质环境支撑。

城市家具"人文化"

研究出台城市家具规范指引，规范管理全区环卫、交通、供电、通信、给排水、消防设施等城市家具设置；融合城市家具、建筑立面、沿街绿化、招牌广告、灯光设施等景观元素，打造一批主题鲜明、内涵丰富、美观大方的城市景观小品。

城市家具"清刷修"

对外观陈旧、涂写张贴严重以及破损、废弃的城市家具进行全面清理和修缮，确保所有城市家具和谐美观、功能完好、干净整洁。

龙岗万科里

龙岗区位于深圳市东北部，东接坪山区，南连罗湖区、盐田区，西接龙华区，北靠惠州市、东莞市，是深圳辐射粤东、粤北地区的"桥头堡"。辖区总面积 388.21km²，下辖平湖、坂田、布吉、南湾、横岗、龙城、龙岗、坪地、吉华、园山、宝龙 11 个街道，111 个社区。

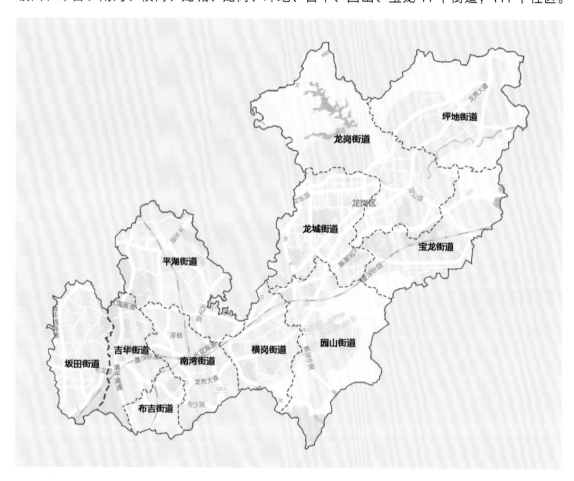

龙岗区六届五次党代会提出，龙岗区的发展定位是创新龙岗、东部中心、产业高地、幸福家园，战略路径是大力实施"一芯两核多支点"发展战略。龙岗区提出了"十四五"规划和二〇三五年远景目标。初步确定，到 2025 年成为全球高新技术产业高地。全面建成小康社会成果持续巩固，城区综合实力持续增强；制造业竞争力稳步提升，实体经济支撑作用更加稳固，东部中心城市综合承载力和辐射带动力持续提升。到 2035 年，建成具有全球影响力的创新强区和社会主义现代化强区，成为我国建设社会主义现代化强国的范例城区。

如今，龙岗区已从昔日深圳的边缘地区转变成全市的城市副中心，是深圳市的工业大区，也是一个经济发达、社会和谐、宜居宜业、活力迸发的崭新城区。然而，早先城市家具的设计缺乏系统思维和人文关怀，现有家具样式不协调、空间布设不合理、功能配置不完善、设施维护不到位，呈现出家具与人、家具与家具、家具与城市三方面核心问题。

22 问题与挑战
Problems & Challenges —

1. 单体家具的问题

单体家具在设计、施工和管理层面存在破损缺失、冗余废弃、脏污锈蚀、设置不规范、材质颜色与环境不协调等问题，如市政箱柜柜门破损、垃圾桶标志重复、公交站亭灯箱不亮、绿道指示牌贴面缺失、废弃树池未做处理等。

市政箱柜柜门破损

护树架选材不当

绿道指示牌贴面缺失

垃圾箱标志重复

公交站亭灯箱不亮

树池废弃未做处理

2. 家具组合的问题

单体家具与单体家具的组合之间存在协调性不足、布局设置冲突以及集约性差的问题，如城市家具侵占人行道、市政井盖与盲道冲突、大冠幅灌木与座椅布局冲突、垃圾桶与宣传栏冲突、多个杆体设施未整合设置等。

市政井盖和盲道冲突

行道树枝下高过低，与座椅布局冲突

垃圾桶与宣传栏冲突

停车区和盲道冲突

杆体设施未整合设置，且与人行道冲突

3. 典型空间的问题

公交站等候空间、地铁出入口、学校出入口、工厂出入口、道路交叉口等五类典型空间的城市家具由于缺乏系统性的协调，严重影响了街道秩序感和城市风貌，如学校出入口缺少休憩座椅、交叉路口各类市政杆体阻碍通行、公交站亭占用非机动车道等。

学校出入口缺少休憩座椅

交叉路口各类市政杆体阻碍通行

公交站台照明不足，非机动车乱停乱放

地铁口非机动车堆放过多有碍观瞻

树池设置不当侵占公交站等候空间

公交站亭占用非机动车道

2.3 城市家具分类
Urban Furniture Classification -

分类原则

本导则以深圳市城市管理和综合执法局制定的《数字化城市管理》（SZDB/Z 300.1—2018）以及中国标准化协会发布的《城市家具系统建设指南》（T/CAS 368—2019）为参考，从城市家具的功能属性和管理属性出发，结合龙岗区实际问题和发展需求，对城市家具各类设施进行系统性分类，分为环卫设施、公共服务设施、围护设施、市政设施、绿化设施、交通设施 6 个系统，40 类城市家具。

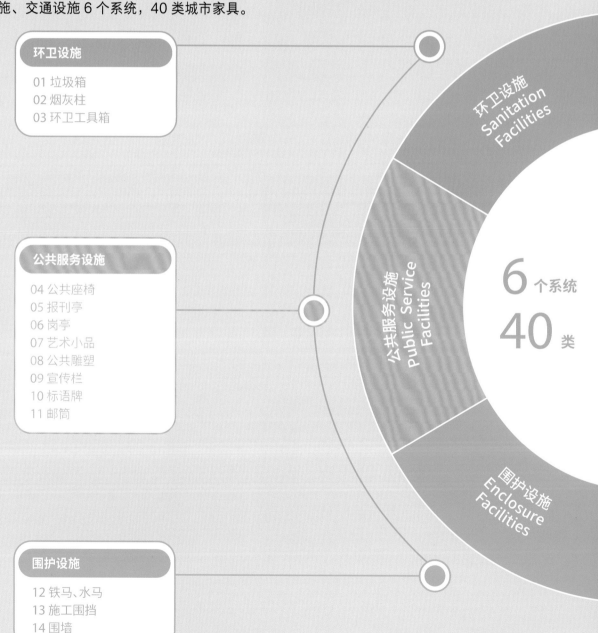

环卫设施
01 垃圾箱
02 烟灰柱
03 环卫工具箱

公共服务设施
04 公共座椅
05 报刊亭
06 岗亭
07 艺术小品
08 公共雕塑
09 宣传栏
10 标语牌
11 邮筒

围护设施
12 铁马、水马
13 施工围挡
14 围墙

环卫设施
Sanitation
Facilities

公共服务设施
Public Service
Facilities

围护设施
Enclosure
Facilities

6 个系统
40 类

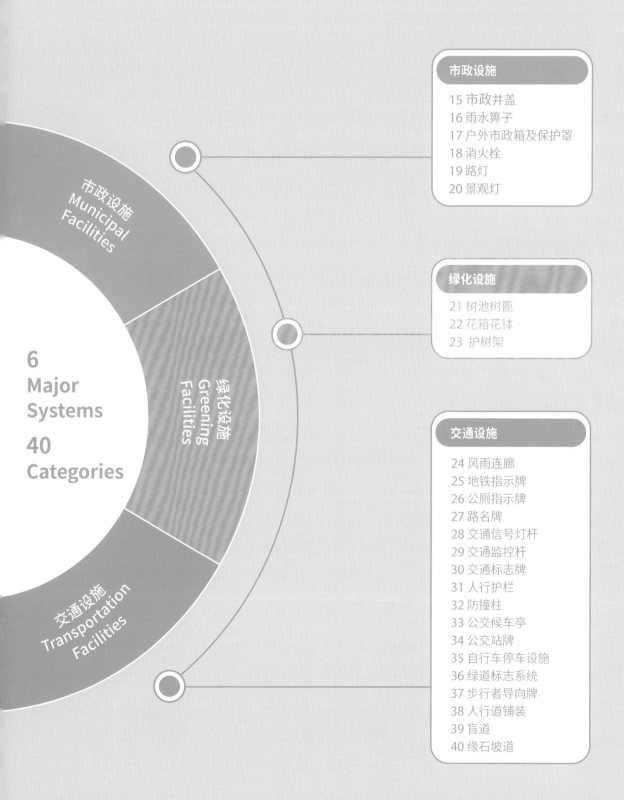

市政设施

15 市政井盖
16 雨水箅子
17 户外市政箱及保护罩
18 消火栓
19 路灯
20 景观灯

绿化设施

21 树池树箅
22 花箱花钵
23 护树架

交通设施

24 风雨连廊
25 地铁指示牌
26 公厕指示牌
27 路名牌
28 交通信号灯杆
29 交通监控杆
30 交通标志牌
31 人行护栏
32 防撞柱
33 公交候车亭
34 公交站牌
35 自行车停车设施
36 绿道标志系统
37 步行者导向牌
38 人行道铺装
39 盲道
40 缘石坡道

市政设施
Municipal
Facilities

绿化设施
Greening
Facilities

交通设施
Transportation
Facilities

6
Major
Systems

40
Categories

24 《导则》体系
Guide System

《导则》提出了创新性的指引框架，即"总体设计—单体家具设计—家具组合设计—典型空间重塑—整治提升指引"三层级五版块的城市家具指引框架。第一层级是从总体层面把控城市家具的风貌和布局；第二层级是从单体家具、家具组合、典型空间三个层面分别展开指引，补充与完善家具要素的设计规范、协调布置不同城市家具、重塑典型空间场景；第三层级是面向已建成街道的存量设施整治。三个层级的内容实现了从整体到个体、从设施到空间、从增量到存量的导控，能够全方位提升龙岗区的城市家具设计水平。

1. 总体设计

将城市家具的 6 个系统 40 类作为一个整体，关注其风貌塑造和空间布局，并围绕风格、色彩、材质、元素、布设、配置等对城市家具要点进行整体的把控。具体内容详见第四章。

2. 单体家具设计

对 6 个系统 40 类单体城市家具进行指引。指引内容包含定义、分类、依据与目标、设计指引、管养原则和未来趋势等。具体内容详见第五章。

3. 家具组合设计

家具组合设计关注单体家具之间的相互关系，并解决单一家具要素之间在设计、施工和管理层面协调性不足以及集约性差的问题。指引内容包含模块特征、设计依据、设计目标、模块现状及模块提升等。具体内容详见第六章。

4. 典型空间设计

典型空间设计重点关注城市家具与人、城市家具与空间的关系，找到空间设计层面的平衡，塑造有温度的空间环境。指引内容包含典型特征、设计依据、设计目标、空间现状和空间重塑等。具体内容详见第七章。

座椅休憩模块　　　　多杆合一模块　　　　宣传展示模块

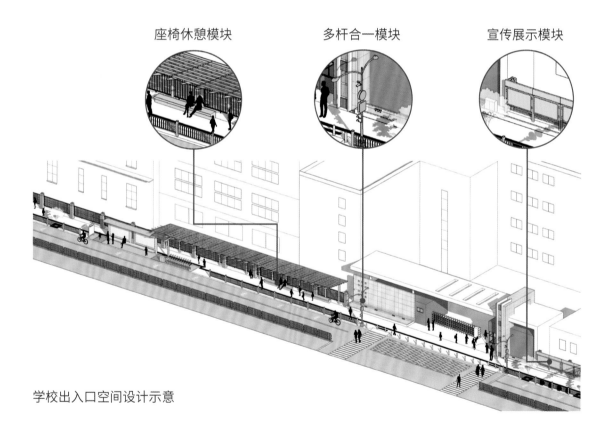

学校出入口空间设计示意

5. 整治提升指引

面向实施衔接管理的街道整治，关注已建成街道的存量导控。从龙岗区 6 个系统城市家具的问题导向出发，对单体家具的脏污破损、与环境不协调等问题提出整治措施，对家具组合和典型空间的设施占道、设施冲突等问题提出整治措施，在短期内明显提升龙岗区城区环境品质。具体内容详见第八章。

3

目标与方法
Objectives and Methods

3.1 目标愿景
Vision

从标准设计到在地设计，更显特色

滨海路，阿布扎比

• 提升气质 ┃ 有亮点

和谐、美观的城市家具可以丰富街道景观，提升街道空间的审美价值和整体气质，艺术元素的注入让街道焕发新的生命力，给使用者带来焕然一新的视觉体验。

• 因地制宜 ┃ 有情怀

从城市的文化特色、地域特征、历史文脉的设计把握和研究入手，通过色彩、造型、元素的特色设计，使城市家具体现城市的形象特质与文化特色，凸显城市的独特魅力，延续城市记忆。

• 环境协调 ┃ 有氛围

城市家具的设置不应损害街道和城市的整体风貌，其设置位置、风格、造型、色彩、图案应与区域内其他城市家具设施以及周边环境风貌相协调、相融合。

从各自为政到集约统合，更成体系

太古里·成都

• 设施整合 | 增空间

对布设在街道上的设施进行集约化、一体化设置，并清理多余设施，以拓宽人行空间，提升通行便捷度，使街道更清爽。

• 系统建设 | 增效率

对各类城市家具进行系统性、整体性的规划与设计，注重要素间的协调性，避免各类家具的使用冲突。同时，构建多单位、多部门之间的高效协调机制，统筹管理，并及时解决各类问题。

• 功能复合 | 增用途

关注使用者的需求，整合城市家具的多种功能，增强沿街空间功能的复合性，从而提升空间的连续性和功能的密集度。

无障碍设

从公共设施到城市家具，更有温度

· 以人为本 ｜ 重关怀

以人为本，合理布设各类城市家具，并注重设计的实用性和使用便捷度；关注无障碍设计，重视残障人士和老幼群体的特殊需求。

· 空间有序 ｜ 重细节

各类城市家具的设计和选材应考虑使用的安全性，并优化设施细节，做到设施牢固、夜晚可视、防护设施齐全，避免对行人造成伤害。同时保障人行和骑行空间通行有序，创造安全的街道环境。

· 趣味互动 ｜ 重体验

注重城市家具的参与性和体验性，通过可互动的设施增加趣味性。同时激活街道沿线的消极、零散空间，增强街道的吸引力和活力。

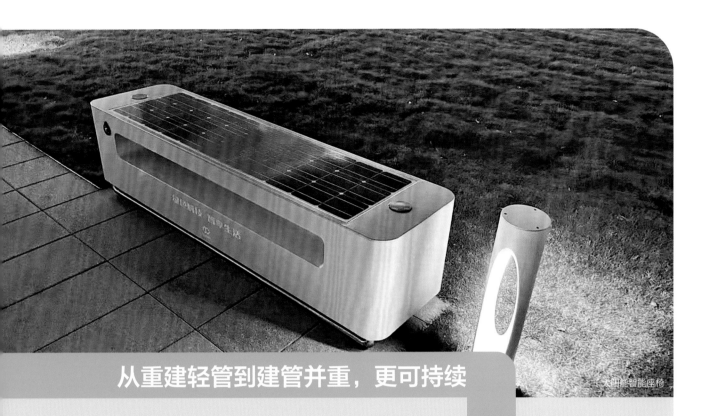

太阳能智能座椅

从重建轻管到建管并重，更可持续

• 优化机制｜易实施

城市家具在设计时应在参考现有规范的基础上，注重可实施性。同时制定长效的建设管理机制，提高城市综合治理能力和精细化管理水平。

• 材质把控｜易维护

城市家具在设计之初应明确设计标准与品质要求，在保证城市家具形态和功能的同时，也要从后期管养维护的角度出发，采用经济、耐用、易维护的材质，将设计与城市管理有机融合。

• 科技导入｜易管理

通过科技手段，变革街道体验，更高效地为市民服务，同时将智能化系统与管理等需求结合起来，实现信息化管理，提高街道智能服务和治理能力。

3.2 "减法" 与 "加法"
"Subtraction" and "Addition"

1. "减法" 与 "加法" 的理念

街道更新中的城市家具设计，包括对城市家具风格、色彩、材质、形体、功能、布设、配置的设计。在设计过程中，重要的是根据现状问题或使用需求，提出合适的解决方案。在此过程中，我们引入数学中"加减法"的逻辑方法，对原有街道中城市家具进行"加法"与"减法"的塑造。其中，"减法"即对原有城市家具或家具特征要素的减少消融；"加法"则泛指增添原有街道空间中缺失或配置欠佳的要素或特征样式。

1）减法
减法，是对街道空间中原有城市家具在数量、形式、功能等方面的繁杂配设进行简化设计。在城市家具更新设计中，减法包含"减脏污""减破损""减冗余""减混杂""减冲突"5个方面。

2）加法
加法，是对街道空间中原有城市家具在数量、形式、功能等方面的不足进行叠加设计。常见的加法内容包含"加人文特色""加人本温度""加美学艺术""加智慧科技""加长效维护"5个方面。

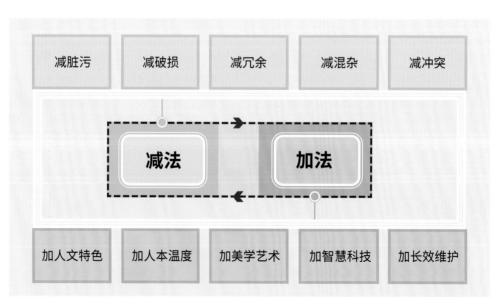

2. "减法"与"加法"工具箱

针对城市家具设计中应"减"或"加"的 10 个方面，本导则提出了与之相对应的"减法"与"加法"工具箱。无论是"减法"还是"加法"，都关注城市家具在城市空间中的单体价值和整体效果，力求营建安全、舒适、便捷、高品质的街道空间。

1）减法工具箱
在减法工具箱中，提出 5 点针对性策略。"清"对应"减脏污"，清理、清洗脏污设施；"修"对应"减破损"，修理、修补破损设施；"简"对应"减冗余"，精简合并冗杂设施；"刷"对应"减混杂"，统一刷新、标准刷新；"挪"对应"减冲突"，迁挪相互冲突设施。

2）加法工具箱
在加法工具箱中，同样提出 5 点针对性策略。"兴"对应"加人文特色"，提升龙岗人文魅力；"建"对应"加人本温度"，建设完善设施功能；"美"对应"加美学艺术"，植入美学艺术元素；"智"对应"加智慧科技"，助力打造智慧城市；"管"对应"加长效维护"，提升精细管理水平。

"减法"

"减法"是存量街道治理中的重要方法。通过对龙岗区城市家具进行调研，从问题导向出发，针对单体家具表面的污渍、张贴小广告等问题提出了"减脏污"；针对单体家具的老旧、破损等问题提出了"减破损"；针对复杂、功能重叠的设施冗杂问题提出了"减冗余"；针对家具组合和典型空间的风貌不协调问题以及布设位置在空间上的冲突问题，提出了"减混杂"和"减冲突"。

1）减脏污

对人行道铺装、井盖、公共座椅、报刊亭、市政箱柜、路灯、路名牌、垃圾桶、烟灰柱等城市家具的表面进行全面清洗，去除表面污渍、锈蚀、涂鸦、小广告等，保证其外表美观、功能完好、干净整洁，展现家具清爽洁净的视觉形象。

同时清理岗亭旁、报刊亭旁、垃圾桶旁、雨水箅子内、人行道铺装上的垃圾及杂物，营造干净舒适、文明整洁的城市环境。

市政井盖及人行道铺装脏污

2）减破损

对城市街道中存在安全隐患或破损严重影响正常使用的城市家具进行更换。如将城市中破损、生锈的围栏更换为样式美观、牢固耐用的灰黑色镀锌钢格栅围挡、镂空铝板围挡或铁质围挡；及时更换丢失、破损、凹陷的市政井盖、雨水箅子等设施，及时更新破损盲道、人行道铺装，避免发生安全事故；定期检查消火栓、路灯等市政设施的功能是否完备，对无法正常使用、存在安全隐患的设施进行更新；对耐久性低、易生锈的竹制、铁质护树架进行更换，可统一更换为深灰色镀锌钢管材质护树架。

对轻度破损的城市家具及时进行修复和修补。如对城市中破损、内容缺失的标语牌、宣传栏、路名牌、地铁指示牌、交通标志牌等进行维护更新；对破损、缺角的公共座椅、围墙和顶棚破损的风雨连廊等及时进行修补。

公共座椅破损

3）减冗余

清理拆除街道中现有无用的、弃置的、非必要的、重复设置的、不合时宜的设施和元素。如街道废弃的报刊亭、岗亭、护栏等设施，有碍市容的各类铁皮围挡、围栏及各类临建设施，宣传栏、自行车停车架等非必要的设施应能拆则拆，且拆除后原则上不再新增。

开展"多杆合一""多箱合一"等城市家具整治工作，对街道现有冗杂的设施要素进行适当整合。如，通过合理布局，就近合并路灯、监控摄像头、路牌等设施元素，拆除多余杆件，实现多杆合一。根据设施功能，合理合并公共座椅、花箱花钵、环卫工具箱、景观照明灯带等城市家具，增加单体城市家具的功能，减少街道中冗杂的设施。

交通标志牌重复设置

4）减混杂

对颜色突兀、风格各异的设施实施统一刷新。根据城市家具色彩选择建议，确定基调色、辅助色和点缀色，对现有各类城市家具繁杂多样的色彩、风格、样式等进行统一，营造统一协调的城市风貌。

对外观陈旧、掉漆生锈的城市家具应进行标准化刷新。邮筒、消火栓等有标准颜色规范的设施，应根据相应的色彩规定进行喷涂刷新。对无严格色彩规范的公共座椅、设施杆件等，应选用与其原有色彩相同或相近的涂料进行喷涂，并使其与周围环境风貌相协调。

同时，也可以结合植物种植设计，遮挡体量较大、美观性较差的设施。如用植物对大型供电设施、地铁出入口的风亭进行美化遮挡，并形成景观节点。

颜色样式混杂的户外市政箱及保护罩

5）减冲突

单体家具与单体家具常常存在协调性不足、布局设置冲突的问题，对于这类问题设施应当进行迁挪。如迁挪与市政井盖设置冲突的盲道砖，迁挪与盲道冲突的自行车停车区画线，迁挪与公共座椅设置冲突的垃圾箱等。

同时，城市家具的布设常常也与人行及骑行空间存在冲突，对于占道且具有一定使用需求且风貌较好的设施应进行迁挪，做到设置位置合理。如迁挪与宣传栏阅读空间冲突的垃圾桶及座椅，迁挪占据人行空间的座椅、市政箱柜、消火栓、岗亭等，迁挪占用非机动车通行空间的公交站亭等。

户外市政箱与人行道空间冲突

"加法"

在城市家具设计中，合理运用"加法"是增加街道功能性和美学性的重要途径。面向龙岗区城市家具的地域特色提升，提出了"加人文特色"；面向设施功能完善及特殊人群的使用，提出了"加人本温度"；面向城市家具颜色、形态的美学艺术提升，提出了"加美学艺术"；面向城市家具的未来发展趋势，提出了"加智慧科技"；面向城市家具的长效管理和养护，提出了"加长效维护"。

1）加人文特色

从城市的文化特色、地域特征、历史文脉的设计把握和研究入手，通过色彩、造型、元素的特色设计，使城市家具体现城市的形象特质与文化特色，凸显城市的独特魅力，延续城市记忆，打造具有龙岗特色的城市家具。

利用城市家具的形、色、质等设计要素，体现城市的精神面貌，提升城市的空间品质与文化品位，打造具有文化特色和历史记忆的公共空间，发挥城市家具对城市"灵魂"的阐释和表达作用。

龙岗区甘坑小镇艺术小品

2）加人本温度

加强街道城市家具的人性化细节设计，根据人体生理结构，设计符合人体工程学的针对性内容。关注普通人群及特殊群体在行为习惯、生理结构、心理情况、思维方式等方面的共性和差异，在原有设计基本功能和性能的基础上，对城市家具进行优化，注重城市家具的实用性，使城市家具的使用更加方便、舒适。

关注老年群体、残障群体等弱势群体的特殊需求，完善城市家具的无障碍设计。此外，考虑不同年龄段儿童身高、活动范围等的差异，设计适合全年龄段的城市家具，体现设计中对不同人群的尊重。

同时，注重城市家具的安全性，做到设施牢固、夜晚可视、防护到位，避免对行人造成伤害；注重城市家具的参与性和体验性，通过可互动的设施增添趣味性，同时激活街道沿线的消极、零散空间，增强街道的活力。

在城市家具配置和组合方面，同样要注重人文关怀。注重城市家具的科学合理配置和摆放，创造舒适的设施使用体验和如家般温馨的城市场景。

尺度合理且材质适宜的座椅

3) 加美学艺术

人的审美感受主要由视觉、听觉、触觉、味觉、嗅觉等多个感官接收，而接收城市家具第一印象的主要是视觉感官。在传统城市家具注重功能性的基础上，应注重单体家具、组合家具以及不同应用场景的城市家具，在尺度、比例、色彩、纹理图案、形状形态等方面的协调性与美学性。

对色彩不协调、风貌不统一的问题家具进行美化更新。对缺乏景观效果的围墙、宣传栏、公共座椅等设施进行艺术化植入，此外，还可融入地区历史文化和人文精神等内容，增设艺术小品、公共雕塑等设施。

关注城市家具夜间照明的美学性，对照明的色彩、亮度等进行合理的规划控制，营建具有美学艺术的城市街道夜间效果。关注城市家具的材质，语音设施的音色、音量，让使用者全方位地体验设计的美感，塑造街区生活的精彩"变奏曲"，展示城市风采，提升城市魅力。

艺术美观的公共雕塑

4）加智慧科技

随着科技的发展，新的城市家具升级将更多地运用物联网、云计算、大数据、人工智能等信息技术，满足人们与时俱进的使用需求，衍生出新的智慧城市家具产品。不断探索前沿科技，以"材料科学""技术智能""设计智慧"为原则，搭乘"互联网 +"、云计算、大数据、物联网、人工智能等新技术东风，集成照明调控、环境监测、信息发布、充电、数据采集、远程调度等服务和应用，研发智能化、科技化的城市家具，让科技更好地照进城市生活。

在城市街道中应用智慧路灯、综合杆、智能座椅、智能垃圾桶、智能报刊亭等设施，一方面，通过大数据与智能化处理，为使用者提供更便捷、更高效的服务，增强使用的便捷度与舒适度；另一方面，也推动了城市的精细化治理和智能化管理。如智能 LED 宣传栏与网络信息平台结合，人们可以通过宣传栏实时查询相关信息。此外，智慧设施在一定程度上减少了不必要的资源损耗，如可根据环境光线强弱和使用情况自动调节照明亮度的智慧路灯，较普通路灯更加节能。城市家具中的照明等用电设施还可与太阳能电池板相结合，发展绿色科技。

POSTORE 智能报刊亭

5）加长效维护

城市家具在设计时应注重可实施性，并制定长效的建设管理机制，提高城市综合治理能力和精细化管理水平。城市家具在设计之初也要考虑后期的管养维护，采用经济、耐用、易维护的材质，将设计与城市管理相结合，提供与设计配套的管理维护标准和流程，加强专业管理培训，建立城市家具管理台账，加强日常巡查监管，明确不同家具的日常维护措施，形成精细化、可持续的长效维护机制。同时，为避免出现部门条块分割、各自为政的现象，应加强部门统筹，明确整治标准，疏通清理程序，打通各自边界，实现密切配合，从而提高部门统筹协作水平，打破横向、纵向治理边界，避免多头管理，系统而有效地解决城市家具的表面问题与源头问题。

可通过科技的手段使城市家具更高效地为市民服务，将智能化系统与管理等需求相结合，实现街道的智能信息化管理。

人行道铺装的日常维护

4 总体设计
Overall Design

总体设计思路
Overall Design Idea

1. 总体思路

本《导则》将城市家具的6个系统40类作为一个整体，围绕风格、色彩、材质、元素、布设、配置6个要点，对龙岗区城市家具的整体性和系统性进行引导与把控，旨在打造"功能完善、尺度适宜、特色鲜明、风貌统一"的龙岗区城市家具系统。同时，城市家具的系统设计应尽量避免大拆大建，本着因地制宜、经济适用的设计方针，做好街道空间治理的"减法"与"加法"。

2. 设计原则

1）功能完善原则

城市家具的设计与布置应符合规范，为市民提供良好的公共服务，保障市民在各种场景的使用和活动需求。应注重无障碍设计，确保残障人士及其他有需求的人能够安全、便捷地使用。

2）尺度适宜原则

在尺度上应以人体工程学为基本标准，并结合道路的宽幅和空间比例确定各类城市家具的设计尺寸，使街道的空间尺度适宜人对舒适度的需求，并符合现状空间要求。

3）特色鲜明原则

分析研究龙岗区的城区地域特征和历史文脉，从地标建筑、客家文化符号、"龙"图腾意象等要素中提取设计元素，应用到城市家具设计中，使其体现龙岗区的形象特质与文化特征，彰显城区个性魅力。

4）风貌统一原则

城市家具设计应在设计风格、色彩、造型等方面保持一致，并与街道景观及沿街建筑风貌相协调。同一路段内的城市家具应运用相同的设计风格、相近的色彩、相似的设计元素等，保持街道景观的整体协调与统一。

风 格
Style

城市家具的设计要对家具的外观形态、材质肌理、色彩装饰等要素进行综合、分析和研究，并考虑时代、社会、地域、民族等特征，使其整体美观，并能够凸显城市风貌。根据形态造型、装饰元素、文化背景、材质材料等设计要素，将龙岗区城市家具的风格划分成现代风格、中式风格、欧式风格、工业风格和自然风格5种。

现代风格	潮流时尚 大气极简 功能主义
中式风格	客家文化 古典大气 庄重优雅
欧式风格	华丽精美 艺术浪漫 古典细腻
工业风格	古朴摩登 粗狂硬朗 沉稳冷峻
自然风格	朴实自然 悠闲舒畅 返璞归真

4.1.1 现代风格

1. 风格特征

现代风格即现代主义风格，也称功能主义风格，注重发挥结构本身的形式美，造型简约时尚，无过多装饰，推崇科学合理的构造工艺，重视发挥材料性能，对材料自身的质地和色彩的配置效果要求较高。因此，往往能达到以少胜多、以简胜繁的效果。

2. 适用空间

适用于大部分类型的街区空间，常见于新城新区、商业区、行政中心等区域。

现代风格城市家具设计

4.1.2 中式风格

1. 风格特征

龙岗区是深圳客家人的聚居地之一，客家文化是龙岗的"根"，其与广府文化以及海外侨胞带来的异域文化相互交融，形成了龙岗区的文化特色。因而将客家文化、广府文化相结合，打造具有龙岗特色的中式风格，巧妙提炼山墙、斗拱、青石板、青砖、瓦片、蚝壳墙、农具、岭南雕花、琉璃拼花等元素，通过转译融入广场座椅、宣传展示栏等城市家具的设计中，丰富城市家具细节，展现龙岗客家文化的特色和底蕴。

2. 适用空间

适用于历史文化街区、传统风貌的商业街区等区域。

中式风格城市家具设计

4.1.3 欧式风格

1. 风格特征

欧式风格是以西方建筑或环境装饰元素为主题的风格。常见为华丽精美的造型设计、典雅或浓郁的色彩搭配，凸显艺术浪漫气息的环境氛围，吸引行人驻足停留、漫步观赏。欧式风格城市家具所用材质以铸铁、镀锌钢、木材等为主。

2. 适用空间

适用于现代公园、商业街区等，也可用于尺度较小的街道空间。

欧式风格城市家具设计

4.1.4 工业风格

1. 风格特征

工业风格给人一种怀旧的艺术空间感，在色彩方面多采用黑、白、灰及棕色系。工业网格城市家具的材料通常运用耐候钢、水泥、砖石、金属等。机械感和科技感的造型也是工业风格最重要的特点，直白而富有视觉冲击力，与龙岗区的电子信息产业相呼应。

2. 适用空间

适用于工业园区周边街区、商务办公街区等区域。

工业风格城市家具设计

4.1.5 自然风格

1. 风格特征

自然风格的城市家具常以天然的木、石、藤、竹等作为材料，色彩质朴，纹理自然。通过模拟自然或结合植物的设计方式，展现悠闲、舒畅、自然的景观意趣。

2. 适用空间

适用于公园、绿地、景区等以自然为特点的区域，也适用于生活区及其周边区域。

自然风格城市家具设计

色彩是由物体发射、反射或透过的光波通过视觉所产生的印象。人们不仅通过色彩传递、交流视觉信息，而且在社会生活实践当中逐步对色彩产生兴趣并出现了对色彩的审美意识，同时产生一系列视觉心理。对城市家具的色彩进行思考与引导，可以提高城市家具在整体街道空间中的表现力与控制力。

4.2.1 城市家具色彩使用的基本原则

（1）城市家具系统整体和单体的色彩选择强调色系之间的统一协调，一般不超过 3 种色彩。

（2）单体城市家具如需多种色彩，需有一个基调色进行控制，其他色彩为辅助色或点缀色。建议单体城市家具中基调色、辅助色、点缀色的占比为 70%、25%、5%。

4.2.2 色彩应用体系

龙岗区城市家具色彩采用国际标准色彩体系——蒙塞尔色彩体系，包含色相（Hue）、明度（Value）、纯度（Chroma）3 个基本要素。

（1）色相：色彩所呈现出来的质的面貌。先分出 10 个基本色相，R（红色）、YR（橙色）、Y（黄色）、GY（黄绿色）、G（绿色）、BG（蓝绿色）、B（蓝色）、PB（蓝紫色）、P（紫色）、RP（紫红色），再将 10 个基本色相中的每个色相划成 4 等分，即 2.5、5、7.5、10，共计 40 个色相，组成常用的蒙塞尔色相环。

（2）明度：表示色彩的明亮程度。共分为 11 个等级，从 0 到 10，数值越高，表示色彩越明亮，其中 0—3 为低明度区，4—6 为中明度区，7—10 为高明度区。而 0 代表理论上的绝对黑色，10 代表白色。

（3）纯度：表示色彩的鲜艳程度。数值越大，色彩越鲜艳。高纯度的色彩，是指显得鲜艳的色彩，而低纯度的色彩，是指显得灰浊的色彩。

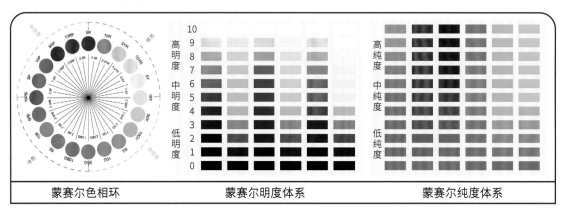

| 蒙赛尔色相环 | 蒙赛尔明度体系 | 蒙赛尔纯度体系 |

4.2.3 城市家具色彩选择建议

1）确定基调色

同一路段上所有城市家具应有且只有一个基调色，在基调色统一的前提下可进行辅助色和点缀色的添加与润饰。由于黑色不易与环境调和，且易造成环境空间的沉重感和僵硬感，故不建议选择纯黑色作为基调色，建议使用不同明度的灰色作为龙岗区城市家具的基调色，如下图所示的冷深灰、中灰、暖中灰等。

2）色彩搭配协调

色彩搭配应与周边的建筑和环境相协调，符合街道与城市氛围。城市家具的色相应与周边环境基调色为同类色配色（蒙赛尔色相环夹角在60°以内），反差不应过大。

3）以中高明度的色彩为主

为保证颜色在实际运用的过程中协调美观，建议选择明度在2—8区间内的颜色。

4）以中低纯度的色彩为主

避免大面积使用高纯度的红色、黄色、绿色，尽量使用中低纯度的色彩，便于与空间环境形成统一氛围。

5）地域性色彩

建议对龙岗区地域文化特色进行分析研究，从中提炼出可应用于城市家具设计的地域性色彩，如下图所示的明媚黄、生机绿、草木蓝等，可作为城市家具的辅助色或点缀色使用。

龙岗区城市家具色彩建议

材质
Texture

材质是材料和质感的结合，是关系城市家具品质、质感以及城市家具产品耐久性、舒适度、美观性等的关键因素。在城市家具材料的选择上，应避免因选用不当而造成损失浪费。龙岗区城市家具材料选用的基本原则是生态环保、经久耐用、经济合宜。

4.3.1 城市家具中的常用材料

1）金属材料

镀锌钢、不锈钢、铝合金、铸铁等。

（1）所有钢构件除锈等级应为 Sa2.5 级。

（2）所有钢管、金属件需进行热镀锌处理，再进行外饰面涂装。热镀锌层厚度应符合《金属覆盖层 钢铁制件热浸镀锌层技术要求及试验方法》（GB/T 13912）要求。

2）木材

各类防腐木 (杉木、松木、菠萝格木) 等，防腐木要求应满足《防腐木材工程应用技术规范》（GB 50828）相关规定。

3）石材

应使用花岗岩。花岗岩要求应满足《天然花岗石建筑板材》（GB/T 18601）相关规定。

4）玻璃

应使用钢化玻璃，钢化玻璃要求应满足《建筑用安全玻璃》（GB 15763）相关规定。

5）复合材料

运用先进的材料制备技术将不同性质的材料组分优化组合而成的新材料，如户外高耐竹木、塑木、玻璃钢、复合树脂、胶结石、PVC、亚克力等。

木材花箱

石材座椅

4.3.2 常用面层涂装

1）涂料喷涂

在满足基本涂装要求的前提下，注重表面质感和色彩，如氟碳漆、木纹漆、金属漆等。

2）热转印

转印加工通过热转印机一次加工（加热加压）将转印膜上精美的图案转印在产品表面，成型后油墨层与产品表面融为一体，色彩鲜艳、层次丰富。热转印是一项新兴的印刷工艺，适合个性化及定制类产品制作。

3）丝网印刷

指用丝网作为版基，并通过感光制版方法，制成带有图文的丝网印版。丝网印刷是一种应用范围很广的印刷方法，不受承印物大小和形状的限制，可分为塑料印刷、金属印刷、玻璃印刷、金属广告板印刷、不锈钢制品印刷等。

金属漆喷涂工艺

丝网印刷工艺

元 素
— Element —

城市家具的设计元素符号主要为对所在地域文化特征的高度提炼和概括，对文化元素进行提取和转译，可从造型装饰、色彩材料、形态结构等方面进行体现。可对城市地标、自然风貌、历史文化、文字抽象等元素进行艺术设计与再加工，转换成城市家具设计所需要的文化元素符号。元素符号在城市家具中的运用，可使城市环境展现独特的城市文化气质。

4.4.1 城市地标元素

地标建筑是独特的城市印记，能够更直观地向公众传达城市形象的信息。建议以龙城广场、深圳大运中心、深圳红立方等城市地标性构筑物和建筑物为原型，从中提取设计元素，应用到龙岗区城市家具设计中。

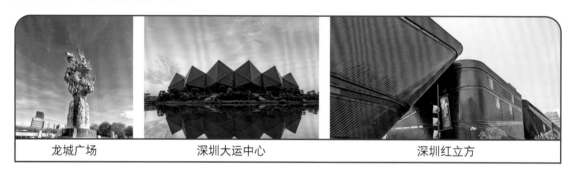

| 龙城广场 | 深圳大运中心 | 深圳红立方 |

4.4.2 自然风貌元素

自然风貌是一个地区文化的重要组成部分，市花、市树、地形地貌等都可以作为设计灵感的来源。建议以朱槿、勒杜鹃、鸡蛋花等龙岗区常见植物为原型，提取设计元素。

| 朱槿 | 勒杜鹃 | 鸡蛋花 |

4.4.3 历史文化元素

龙岗有着浓厚的客家文化氛围，分布着众多客家历史建筑，也孕育了甘坑客家凉帽等非物质文化遗产，城市家具设计可从其中提取设计元素。

| 客家建筑屋脊 | 客家镂花窗 | 客家凉帽 |

4.4.4 文字抽象元素

将区域或道路的名称抽象成文字LOGO，应用于城市家具设计中，可以使得城市家具具有独特的地域印记。建议对可以代表龙岗地名的"龙""吉"等文字进行提取，可借鉴福田区"福"字、百花片区"百花"、红荔路"荔枝"等元素的设计方法。

百花片区"百花"元素

福田区"福"字元素

红荔路"荔枝"元素

4.5.1 城市家具主要设置区域

依据各类家具标准化、集约化的设置原则，将城市家具设置区域划分为限制设置区、集中设置区以及标准设置区。

（1）限制设置区：指道路交叉口、转弯处、人行横道等机动车、非机动车、行人通行功能为主的区域，区域内建议仅设置信号灯、路灯、防撞柱、路名牌、交通标志牌等必要的交通导引和防护设施，其他家具应少设置或不设置。

（2）集中设置区：交叉路口转弯半径直线段起点50—100m的区域。区域内建议设置路灯、监控杆、人行护栏、交通标示牌等设施，并应在满足设置间距的前提下集中设置，节约空间。

（3）标准设置区：集中设置区以外的直线路段，通常包含两部分空间，即临车行道界面的线性空间以及临沿街建筑、围墙或绿化带的界面，区域内可根据道路功能需要设置各种类型设施。

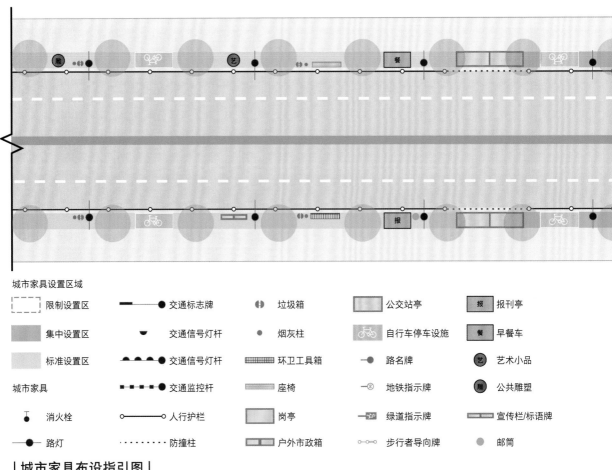

| 城市家具布设指引图 |

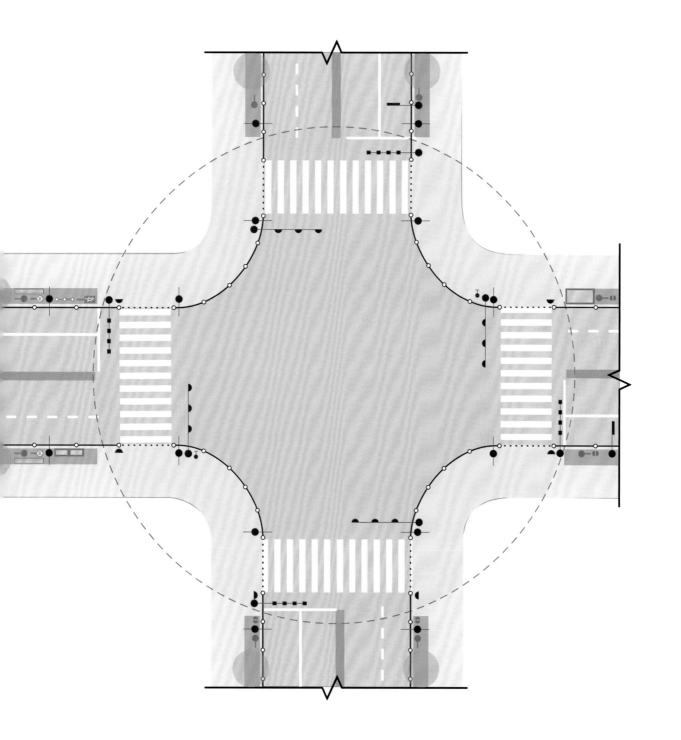

4.5.2 布设优先等级与设置要求

按照功能要求及重要级别将城市家具划分为 3 个优先等级，并明确各类设置区域及具体配置内容。

优先等级	配置内容	设置区域
第一等级	路灯、交通信号灯杆、交通监控杆、交通标志牌、人行护栏、防撞柱、人行道铺装、盲道、缘石坡道、市政井盖、雨水箅子、消火栓、风雨连廊、铁马、水马、施工围挡、围墙	限制设置区 集中设置区 标准设置区
第二等级	垃圾箱、烟灰柱、环卫工具箱、景观灯、公共座椅、岗亭、户外市政箱及保护罩、树池树篦、护树架、路名牌、地铁指示牌、自行车停车设施、绿道标志设施、步行者导向牌	集中设置区 标准设置区
第三等级	公交候车亭、公交站牌、公厕指示牌、报刊亭、艺术小品、公共雕塑、宣传栏、标语牌、邮筒、花箱花钵	标准设置区

设置要求：

（1）城市家具的布设不得占用盲道和正常通行区域，保证人行通道宽度不小于 1.2m。

（2）应根据道路的断面形式和实际功能需求考虑城市家具布设方式，宽度小于 2m 的人行道建议仅布设第一等级的配置内容，少设置或不设置其他等级的配置内容。

（3）优先考虑将城市家具与道路绿化隔离带结合设置。

（4）在无绿化隔离带的路段，建议在临车行道界面结合行道树绿带设置设施带，集中布设城市家具，控制设施外缘不超出人行道设施带范围。

（5）第一等级配置内容的布设优先于其他等级。

（6）应整体考虑各类城市家具的布设，协调统筹设置，集约化利用空间。

配置
Configuration

城市道路是指供城市内交通运输和行人通行使用，便于居民生活、工作和文化娱乐活动，并与市外道路连接承担对外交通功能的道路。街道指的是在城区范围内，全部或大部分地段两侧建有各式建筑物，设有人行道和各种市政公用设施的道路。就概念属性和设计内容而言，道路具有"基础设施"的属性，强调其交通服务功能，而街道的属性是"城市开放空间"，强调其空间界面、景观风貌、环境要素的形态和内涵，并更多地考虑人的慢行需求，拥有满足人们休闲、交流、活动的场所服务功能。

在场所满足服务功能的基础上，城市家具的风格、色彩、材质、元素、布设等设计内容，需要与街道的空间属性、尺度和风貌环境等相适应。因此，对街道进行类型划分和定位，有助于对城市家具做出精细的设计引导。

4.6.1 街道的类型

按照道路在道路网中的地位、交通功能以及对沿线的服务功能等，将城市道路分为快速路、主干路、次干路和支路 4 个等级。而街道的类型则是综合考虑沿街活动、两侧用地类型、街道环境风貌特点、交通功能等内容进行划分的，主要分为商业型街道、生活服务型街道、景观休闲型街道、交通型街道 4 种类型。道路等级与街道类型是两个体系的分类方式，二者可以相互交叉。下面对照龙岗区街道的实际情况，分别阐述 4 类街道的主要特征。

| 商业型街道 |
街道沿线以零售、餐饮等商业体为主，具有一定服务能力或业态特色。如：龙园路、松柏路、圩肚街、建新路、龙福路等。

| 生活服务型街道 |

街道沿线以服务本地居民的生活服务型商业，如中小规模的零售、餐饮商业体及公共服务设施为主。如：金鹏路、银翠路、平南路、龙岗老街等。

| 景观休闲型街道 |

街道滨水，沿线景观及历史风貌突出，或沿线设置休闲活动服务设施。如：甘李路、龙河路、三馆西路等。

| 交通型街道 |

街道以非开放界面为主，交通通过功能较强。如：清林路、丹平快速、龙岗大道、坂雪岗大道、平吉大道等。

4.6.2 各类型街道城市家具配置建议

1）商业型街道

应保持空间紧凑，强化街道两侧的活动联系，营造商业氛围。提供适应较大规模人流的步行通行区，设置完善的公共服务与信息服务设施，注重打造高品质的城市家具。

2）生活服务型街道

集约利用街道空间，保证充足的慢行通行空间，且保证慢行空间的遮阴性和无障碍设计要求。根据人流量及需求合理布置公共服务与信息服务设施，为市民生活提供便利。

3）景观休闲型街道

宜将人行道与沿路绿化带进行一体化景观设计，扩大休闲活动空间。可根据街道空间合理布置公共服务设施，主要道路应满足无障碍设计要求。沿线应结合地铁、公交站点及重要的景观活动节点重点增加公共服务设施，并结合街道景观整体设计，突显街道环境特色。

4）交通型街道

以满足道路交通为主，保障交通管理顺畅进行，根据道路宽度与人流量合理设置人行护栏和防撞柱。公共交通设施应避开道路交叉口、道路开口处，提倡设置港湾式公交车站。

街道类型	风格	色彩	材质	元素
商业型街道	现代风格、中式风格、欧式风格	灰色系为主，搭配明亮的点缀色	金属材料、石材、玻璃、复合材料	城市地标元素 文字抽象元素
生活服务型街道	现代风格、自然风格	灰色系、棕色系为主，搭配明亮的点缀色	木材、石材、复合材料	文字抽象元素 自然风貌元素
景观休闲型街道	现代风格、自然风格、中式风格、欧式风格	舒适的暖棕色和绿色为主	木材、石材、玻璃、复合材料	自然风貌元素 历史文化元素
交通型街道	现代风格、工业风格	沉稳的灰黑色为主	金属材料、木材、石材、复合材料	城市地标元素 文字抽象元素

单体家具设计
Single Furniture Design

单体家具要素说明
Single Furniture Element

指引目的

结合精细化、品质化、标准化的城市家具建设新需求，本指引通过整合现行规范和行业标准，梳理城市家具的定义、依据与目标、设计指引、管养原则、未来趋势等相关内容，旨在为6个系统40类单体家具的设计提供方向把控和参考依据。

序号	类型	内容	序号	类型	内容
1	环卫设施	01 垃圾箱 02 烟灰柱 03 环卫工具箱	5	绿化设施	21 树池树篦 22 花箱花钵 23 护树架
2	公共服务设施	04 公共座椅 05 报刊亭 06 岗亭 07 艺术小品 08 公共雕塑 09 宣传栏 10 标语牌 11 邮筒	6	交通设施	24 风雨连廊 25 地铁指示牌 26 公厕指示牌 27 路名牌 28 交通信号灯杆 29 交通监控杆 30 交通标志牌 31 人行护栏 32 防撞柱 33 公交候车亭 34 公交站牌 35 自行车停车设施 36 绿道标志系统 37 步行者导向牌 38 人行道铺装 39 盲道 40 缘石坡道
3	围护设施	12 铁马、水马 13 施工围挡 14 围墙			
4	市政设施	15 井盖 16 雨水箅子 17 户外市政箱及保护罩 18 消火栓 19 路灯 20 景观灯			

5.1 垃圾箱
Dustbin

5.1.1 定义

垃圾箱，又名废物箱，是指装放垃圾、废弃物的容器。

5.1.2 依据与目标

1. 设计依据

《城市环境卫生设施规划标准》（GB/T 50337—2018）

《环境卫生设施设置标准》（CJJ 27—2012）

《生活垃圾分类标志》（GB/T 19095—2019）

《深圳市生活垃圾分类管理条例》

《深圳市公共场所生活垃圾分类设施设置及管理规定（试行）》（深城管规〔2018〕2号）

2. 设计目标

垃圾分类：按照深圳市垃圾分类工作相关要求设置分类垃圾箱，满足行人投放分类垃圾的需要。

分类垃圾箱

5.1.3 设计指引

1. 基本要求

（1）垃圾箱应有可识别的标志。

（2）垃圾箱必须被固定在公共设施带内或路面铺装上，以防挪动、损坏。

2. 要素布局

（1）垃圾箱应设置于公共设施带内，距人行道路缘石外侧的距离应不小于0.45m，距如座椅等其他城市家具的距离应不小于0.6m。

（2）常规路段下，应根据人流量、道路功能、实际需求确定设置间隔。商业型道路等人流量较大的区域设置间隔宜为 50—100m，主干路、次干路、有辅道的快速路设置间隔宜为 100—200m，支路、有人行道的快速路设置间隔宜为 200—400m。

（3）交叉路口转弯半径直线段起点 15m 范围内禁止设置垃圾箱。

（4）每个公交站点、铁站进（出）站口应布设 1 个垃圾箱。

3. 尺寸和材料

（1）尺寸：垃圾箱高度应控制在 0.9—1.1m。垃圾箱投入口高度宜控制在 0.75—1.1m，便于全年龄段市民使用，且可避免过高的投入口散发垃圾臭气影响街道品质和使用舒适度。

（2）容量：禁止临街布置体量较大的垃圾箱，容量以内胆容量为准，最大容积禁止超过 500L。

（3）材料：应按照可循环利用、防雨、抗老化、阻燃的要求选材，可使用再生材料。

5.1.4 管养原则

1. 管养周期

制订巡检计划，每天对垃圾箱进行保洁维护。

2. 管养内容

部件缺失、破损应及时更新或维修，确保容器外观与功能完好、摆放整齐、标志清晰、箱门常闭无满溢、周边无散落垃圾和污水。

5.1.5 未来趋势

智能垃圾箱

绿色能源：利用太阳能发电，多余能量储存在蓄电池中用以垃圾感应和智能压缩。

智能压缩：通过压缩技术可以压缩并储存 5 倍于自身体积的垃圾，每周清理一次即可。

智能互联：提供免费 Wi-Fi，检测到垃圾存储量超过 85% 时，会自动联网发送定位。

5.2 烟灰柱
Ash Column

5.2.1 定义

烟灰柱是用来盛放烟灰、烟蒂的柱状器皿。

5.2.2 设计目标

（1）更协调：烟灰柱的材料、造型、设计风格应与周边环境协调统一。

（2）更集约：烟灰柱主体应同垃圾桶等其他家具要素进行一体化设计，以集约空间。

5.2.3 设计指引

1. 要素布局

烟灰柱应布设在城区中的商圈、超市、医院、学校、公园等人员密集的区域。

2. 尺寸和材料

（1）尺寸：225mm×225mm×1185mm。

（2）材料：建议采用不锈钢烟灰柱，不锈钢表面采用专用户外高温烤漆，能够保证色彩鲜艳持久，有效防止生锈。

5.2.4 管养内容

定期进行清理、擦拭，确保容器内外整洁，内桶无破损。确保烟灰柱底座牢固，烟灰柱位置不占用通行空间。

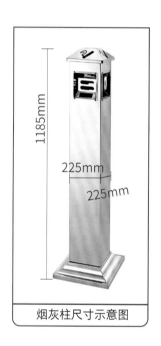

烟灰柱尺寸示意图

5.3 环卫工具箱
Sanitation Toolbox

5.3.1 定义

环卫工具箱用于收纳环卫工具，箱体可以从侧面打开。

5.3.2 设计目标

（1）美观实用：环卫工具箱整体美观、与周边环境协调统一，且实用性强。

（2）功能复合：环卫工具箱可与座椅相结合，在存放工具的同时提供休息空间，实现功能整合。

5.3.3 设计指引

1. 要素布局

环卫工具箱应布设在街道的两侧，不占用人行空间。

2. 尺寸和材料

（1）尺寸：环卫工具箱分为两个尺寸，分别为长2.4m和1.8m，宽约0.6m，高约0.4m。

（2）材料：主体结构采用镀锌钢板和塑木材质。

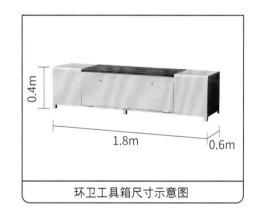

环卫工具箱尺寸示意图

5.3.4 管养内容

定期进行管养、维护和清洗，确保环卫工具箱表面干净整洁无污渍、柜门锁具无破损、无清扫工具裸露。

公共座椅
Public Seating

5.4.1 定义

公共座椅泛指在公共场所使用的座椅类家具，是供行人休息的设施。

5.4.2 设计目标

（1）更美观：公共座椅的外形和色彩搭配应与周边的环境相协调。景观环境要求高的路段，其样式宜与人行道环境结合进行特色设计。设计风格应融入城市或周边环境的文化特色元素，给整体环境带来生机和内涵。

（2）更舒适：公共座椅的尺度、靠背高度和弧度等应符合人体工程学；拐角及边缘尽量采用弧线设计，减少尖锐棱角。

5.4.3 设计指引

1. 要素布局

（1）尽可能设置在有吸引力的公共空间和有阳光照射的地方以提高利用率。

（2）应结合使用者的行为规律和人流量设置，公共座椅间的最大间距以 50cm 为宜。

（3）座椅应结合公共设施带或靠近道路红线一侧设置；于公共设施带内设置的座椅应距离路缘 1m 以上，靠近道路红线一侧设置的座椅应距离路缘 2m 以上。

（4）人行道宽度在 5m 以下时，公共座椅的设置应充分考虑人行道和路外绿地、行道树、护栏、建筑退界空间的结合。

2. 尺寸和材料

（1）尺寸：公共座椅的长度宜小于 1.8m，宽度不大于 0.5m，坐面高度不高于 0.4m，坐面宽度不大于 0.45m。如有靠背，靠背倾角以 100°—110° 为宜。

（2）材料：建议公共座椅材料优先选用木材，亲人舒适，考虑到比热容，少采用石材、金属等日晒后表面温度升高较多的材质。

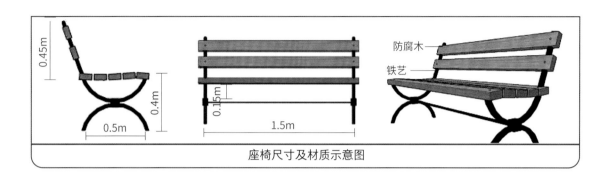

座椅尺寸及材质示意图

防腐木
铁艺

0.45m

0.4m

0.15m

0.5m

1.5m

5.4.4 管养原则

1. 管养周期

制订巡检计划，主要道路两侧每年两次，其他区域每年一次。

2. 管养内容

确保座椅外观干净整洁、功能完好，部件缺失、破损的应及时更新或维修。

5.4.5 未来趋势

太阳能充电座椅

结合太阳能、户外 Wi-Fi、户外充电等附属设备，实现自循环发电，打造更贴合人的需求的户外公共座椅。

5.5 报刊亭
Newsstand

5.5.1 定义

报刊亭是指由邮政集团深圳分公司和深圳报业集团统一设置在街头、广场等公共空间，售卖报刊杂志、饮料、零食等商品的小型构筑物。

5.5.2 依据与目标

1. 设计依据

《城市容貌标准》（GB 50449—2008）
《报刊亭等亭体管理规范》（深城管通〔2018〕166号）
《深圳市城市环境品质提升行动总指挥部办公室关于印发深圳市城市管理精细化提升"1+9"行动方案的通知》（深城提办〔2019〕10号）

2. 设计目标

（1）更合理：报刊亭设置地点合理，不干扰人行交通和车行交通；电子编码化管理，能够实现实时点位监控，利于社会监督。

（2）更实用：报刊亭造型简约大方、便于维护，材料耐久，尺度适宜。

更合理：设置位置不干扰通行

更实用：便于维护、尺度适宜

5.5.3 设计指引

1. 基本要求

（1）原则上，应逐步淘汰老旧报刊亭，置换新一代智能报刊亭。

（2）禁止在亭体侧面或者背面开口。

（3）一般情况下报刊亭不得设置雨棚。

2. 要素布局

（1）不得遮挡路灯、交通信号灯、交通标志牌，不得遮挡车行视线。

（2）未经批准不得擅自移动设置地点。

（3）设置间距不应小于 500m。

（4）道路交叉口、公交车站、地铁站出入口、人行天桥梯道口、地下通道出入口 20m 范围内不应设置报刊亭。

（5）报刊亭不得占压盲道（含向两侧外延 0.25 m 范围）、绿地、市政管道井盖，不得阻挡消防通道、建筑出入口等，在现状宽度不足 4m 的人行道设置报刊亭的，应迁挪至其他宽度较宽的道路，设置报刊亭后应保证慢行通行空间不小于 2m。

（6）宜对报刊亭采用电子编码管理，进行实时点位监控。一方面防止报刊亭经营者随意挪动位置，造成审批点位与实际设置点位不符，另一方面利于社会监督。

3. 尺寸和材料

（1）尺寸：报刊亭长度不大于 3.3 m，宽度不大于 2.1 m，高度不高于 2.9m。

（2）材料：报刊亭应选择耐磨损、抗风压、耐风化的材料，如不锈钢、铝合金等。

4. 造型和色彩

（1）造型：报刊亭顶棚不得有凹槽设计，以便减少落叶堆积，便于清理。

（2）色彩：报刊亭亭体宜采用饱和度较低的颜色，与周边环境相融合。

5.5.4 管养原则

1. 管养周期

制订巡检计划，主要道路每周一次，其他区域每月两次。

2. 管养内容

（1）迁移妨碍交通安全的报刊亭，及时更换和维修破损陈旧的报刊亭。

（2）应按照深圳市报刊亭整治要求进行统一管理，严禁超越亭体摆卖；报刊亭以发行报纸和刊物为主，可兼售包装零食、饮料等，禁止售卖加热食品。

（3）报刊亭应保持干净整洁，亭体内外立面洁净，玻璃透明；各类物品应规范、有序放置，禁止跨门营业。

5.5.5 未来趋势

智能报刊亭

| 深圳智慧报刊亭 |

深圳市于 2018 年投放了 POSTORE 智能报刊亭，报刊亭除自动报刊销售功能外，还综合了信息查询、快递寄存、饮品售卖、充电宝外借、Wi-Fi 共享等便民功能。截至 2021 年 12 月，龙岗区内有 10 个智能报刊亭试点。

5.6 岗亭

Sentry Box

5.6.1 定义

岗亭是指设置于路边、停车场出入口、城中村出入口、工厂门口等区域，供治安人员进行出入登记、维护安全、值班的构筑物。岗亭一般包括警务岗亭和物业岗亭两大类。

5.6.2 设计目标

（1）更合理：岗亭应设置于出入口的一侧或路边，使其设置位置不影响行人及车辆通行，且应考虑岗亭内视野开阔，保证其使用便捷。

（2）人性化：岗亭内部设计应考虑人性化，使其具有防火、耐用、遮阳、挡雨、防暑、保温等实用功能。

更合理：设置位置不干扰通行

人性化：挡雨、防暑

5.6.3 设计指引

1. 基本要求

（1）岗亭设置应同周边公共设施一同考虑，在满足功能的前提下应精简合并岗亭。

（2）岗亭设置禁止占压市政管线检查井、盲道，且必须留出管线维修的空间。

2. 要素布局

（1）宽度在 3.5m 以下的人行道禁止设置岗亭。

（2）人行天桥梯道口、地下通道出入口、地铁站出入口、公交车站方圆 20m 范围内的人行道上禁止设置岗亭。

（3）有条件的情况下，治安岗亭应尽可能放入绿化带内，并优化执勤点配置。

3. 尺寸和材料

（1）尺寸：岗亭长度不大于 2m，宽度不大于 1.5m，高度不高于 2.5m。

（2）材料：可采用不锈钢、塑钢、铝合金、砖石等较坚固耐用的材料。

5.6.4 管养内容

岗亭表面的小广告和周边堆放的杂物必须及时清除，不得影响市容市貌。岗亭的日常维护需由专职人员负责，定期对其进行保护与清洁，延长其使用寿命。

5.6.5 未来趋势

智能岗亭

> | 上海智能岗亭 |
>
> 岗亭内可配置空调、科技监控、网络数据传输、LED 显示屏以及语音广播系统等设施，可集信息互动、公共服务、治安管理等功能于一体，实现一亭多用。
>
> 上海市徐汇区滨江智能岗亭将全网电脑监控、互动屏幕、空调、储物柜和消防器材等功能设施有机整合，既满足了安保的基本功能，又为工作人员创造了更为舒适安全的工作环境。此外，外壁开窗充分引入自然光，确保室内的视野明亮开阔。

5.7 艺术小品
Art Opuscule

5.7.1 定义

艺术小品是指用于点缀美化景观空间的、体量较小的、有助于提高特定地区可识别性和人们日常生活趣味性的艺术装置。

5.7.2 依据与目标

1. 设计依据

《城市容貌标准》（GB 50449—2008）

《城市公共休闲服务与管理导则》（GB/T 28102—2011）

2. 设计目标

（1）更实用：艺术小品应在传达文化情感的同时兼具一定的实用功能，具有一定的推广性，易于建造实施。

（2）可识别：艺术小品在形态、质感、色彩等方面的设计应具有独特性和可识别性。

更实用：可供行人遮阳休息的艺术小品

可识别：独特的色彩和造型

5.7.3 设计指引

（1）人行道上的艺术小品应遵循景观设计的基本原则，如功能完善、特色鲜明、具有文化内涵等内容。

（2）艺术小品不得对行人构成健康和安全风险，不得对人流或车流的行进及人员视线造成限制或影响。

（3）艺术小品应该具备一定的实用功能，可与其他城市家具设施组合设置。

公共雕塑
Sculpture

5.8.1 定义

公共雕塑是指设立于城市公共场所中的艺术装置，通常具有地标作用。

5.8.2 依据与目标

1. 设计依据

《城市绿地设计规范》（GB 50420—2007）

《城市容貌标准》（GB 50449—2008）

《城市园林绿化评价标准》（GB/T 50563—2010）

《市容环境卫生术语标准》（CJJ/T 65—2004）

2. 设计目标

（1）更特色：公共雕塑的设计应深入挖掘龙岗区地域文化特色，彰显龙岗区独特的城市魅力。

（2）更互动：公共雕塑应与市民日常生活相结合，提升城市公共空间的互动参与性，其形态与功能等方面的设计应注重激发空间活力和增强人群参与互动。

更特色：龙岗特色雕塑

更互动：可互动的公共雕塑

5.8.3 设计指引

1. 基本要求

（1）公共雕塑不得对行人构成健康和安全风险，不得对人流或车流的行进及人员视线造成限制或影响。

（2）公共雕塑在道路空间的点位设置应符合场地的规划设计条件，禁止与场地历史保护、生态保护、安全防灾等方面的规划设计要求相冲突。

（3）可结合城市广场、滨水空间等公共休闲空间进行布局。

2. 要素布局

公共雕塑常采用点状、线状或带状的布局形式，布局位置较灵活宽泛，一般包括以下区域：

（1）人行道：宜设置于人行道转角等停留空间，可提高空间利用率，促进社会交往。

（2）街头绿地：宜设置于可进入的绿地空间，更好地满足行人的社交活动需求。

（3）城市广场：宜设置于具有休憩设施的区域，宜结合水景、绿化等其他景观设施设置。

（4）人行天桥梯道口和地下通道出入口。

3. 系统协调

公共雕塑造型、风格、色彩应与周边环境相协调，比例和尺度应结合周边环境的空间尺度和比例，布置于城市道路周边广场或绿地的视觉景观点或主要节点处。

5.8.4 管养原则

1. 管养周期

制订巡检计划，主要道路两侧每年两次，其他区域每年一次。

2. 管养内容

确保公共雕塑外观整洁，无脏污、破损。

5.9 宣传栏
Bulletin Board —

5.9.1 定义

宣传栏是用于发布公示信息、张贴宣传广告的设施，常设置于街道、小区出入口、文化广场、学校等公共场所。

5.9.2 依据与目标

1. 设计依据

《公共信息导向系统导向要素的设计原则与要求》（GB/T 20501.1—2013）
《城市道路交通设施设计规范》（GB 50688—2011）

2. 设计目标

（1）更醒目：宣传栏应设置在醒目的位置，且不被其他设施遮挡，方便行人浏览、阅读。
（2）更协调：宣传栏的样式、内容应与周围环境、景观相协调；宣传栏应与人行空间和非机动车停放区相协调，不得阻碍行人或非机动车通行。

5.9.3 设计指引

1. 基本要求

（1）宣传栏应在不影响城市美观的前提下尽可能少设置。
（2）宣传栏内容应积极健康，严禁出现任何商业广告。
（3）宣传栏应设置在人行道上，不得占用盲道和轮椅通道，在不影响行人阅读的情况下，也可设置在绿化带内。
（4）为了遮挡阳光和雨水，宣传栏一般会设置顶棚。

2. 要素布局

（1）宽度在 3.5m 以下的人行道不得设置宣传栏；距人行天桥梯道口、地下通道出入口、地铁站出入口、公交车站的人流疏散方向 15m 范围内的人行道不得设置宣传栏。
（2）一般道路的人行道上宣传栏同侧设置间隔应不小于 1000m；在临近火车站、商业区、长途汽车站、医院、学校等流动人口聚集区内的道路的人行道上，设置间隔可根据需要适当缩小。

3. 尺寸和材料

（1）尺寸：宣传栏长度不大于 1m，宽度不大于 1m，高度不高于 2.2m。

（2）材料：宣传栏一般采用不锈钢为框架，钢化玻璃或者耐力板为面板，铝合金为顶棚。

5.9.4 管养原则

1. 管养周期

制订巡检计划，主要道路两侧每天一次，其他区域每周两次。

2. 管养内容

确保宣传栏底部安全牢固，部件无缺失、破损，表面干净整洁、无污渍、无小广告及商业广告张贴。

5.9.5 未来趋势

智能 LED 宣传栏

互联网 + 科技智能的融合：
随着信息技术的发展，社会各级信息发布和更新更为高效和及时，宣传栏可以与网络信息平台结合，人们可以通过宣传栏实时查询相关信息。

整合设计，扩展新功能：
通过对宣传栏与其他城市家具进行整合设计，扩展宣传栏新型功能，以提供连续、有效、充足的信息公示为前提，构建一个集信息展示、个性服务等内容为一体的多功能宣传栏。
宣传栏可以与太阳能电池板相结合，集座椅、充电、展示等功能于一体。

5.10 标语牌
Placards

5.10.1 定义

标语牌是指城市公共空间中通过文字和图案起到提示和宣传教育作用的装置，一般包括温馨提示标语牌和文明宣传标语牌两类。

5.10.2 设计目标

美观协调：标语牌应美观大方，避免采用高饱和度的颜色，与周围环境、景观协调统一，同时可以适当进行艺术化处理，增强环境感染力。

与环境协调的温馨提示标语牌

造型艺术美观的文明宣传标语牌

5.10.3 设计指引

（1）标语牌应在不影响城市美观的前提下设置，且数量不宜过多。

（2）标语牌应设置在醒目位置，标语文字清晰，内容简洁。

（3）标语牌一般设置在绿化带或公共设施带内，不得占用通行空间。

5.10.4 管养内容

定期巡检，确保标语牌无缺失破损，表面干净整洁、无污渍，对于掉色、不清晰的标语牌应及时更换贴面。

邮筒
Mailbox —

5.11.1 定义

邮筒是设置在室外公众场所供人们投寄平常信函、明信片的邮政专用设施。

5.11.2 依据与目标

1. 设计依据

《信筒》（YZ/T 0067—2002）

《邮政普遍服务》（YZ/T 0129—2016）

《邮政标志色及其测试方法》（YZ/T 0037—2001）

《城市容貌标准》（GB 50449—2008）

2. 设计目标

更集约：结合道路的实际情况和功能适当减少邮筒数量，或与其他设施整合设置，以集约用地。

5.11.3 设计指引

1. 要素布局

（1）设置于公共设施带，邮筒的投信口一般朝向人行道安装，方便投信。

（2）宜布设在道路交叉路口、居住小区、商业设施等进出口处两侧的公共设施带内，如有坡道的，应在距坡道起始点 6m 处布设。

2. 材料

（1）筒体、筒门和外框架均采用普通冷轧钢板或性能不低于普通冷轧钢板的其他金属材料制作，同时进行烤漆覆膜。

（2）邮筒底座可采用 A3 钢板或其他金属材料制作，A3 钢板厚度不低于 8mm。

3. 造型和色彩

（1）造型：造型上一般可分为两种，一是直方体邮筒，二是圆柱体邮筒。

（2）色彩：箱体表面颜色为绿色，色标为《邮政标志色及其测试方法》（YZ/T 0037—2001）中规定的 PANTONE 342C。筒身喷印中文字样和中国邮政标志为黄色，色标为 PANTONE 116C。

5.11.4 管养原则

1. 管养周期

制订巡检计划，主要道路两侧每天一次，其他区域每周两次。

2. 管养内容

保证设施布置合理、功能保持完好、外观整洁无破损，漆层色泽均匀、光滑平整，若出现油漆脱落的情况，应及时填补。

5.11.5 未来趋势

多功能智能邮筒

采用无线信息装置：
新一代邮筒可以自动统计投入信件的数量，然后通过设置在邮筒中的无线通信装置将该信息发送到邮箱控制中心，结合发送信息的邮筒的身份编码信息，即可准确得知辖区内任何一个邮筒中是否有信件、有多少信件等详细信息，大大提高邮政部门的工作效率和服务质量。

增加自助服务和打印功能：
邮筒中设置自助贺卡、明信片、邮票等的自助打印终端，通过投币方式自助设计和打印个性化的贺卡、明信片或邮票等。

铁马、水马
Ironhouse & Waterhouse —

5.12.1 定义

铁马：铁马又称施工铁马、施工铁护栏、施工护栏、市政铁马等，一般在道路或建筑施工时，起到隔离人群的作用。

水马：水马是一种用于分隔路面或形成阻挡的颜色鲜艳的塑制壳体障碍物，上方有孔以加沙或加水增重。部分水马还有横向的通孔以便相互连接形成更长的阻挡墙。一般设置在高速路、城市道路及天桥街道路口等位置。

5.12.2 依据与目标

1. 设计依据

《城市道路工程设计规范》（CJJ 37—2012）

2. 设计目标

（1）更安全：铁马、水马应具有警示功能，使用警示颜色并附有反光膜，提高夜间交通安全性。水马还具有缓冲弹性，能吸收强大冲击力，有效减少撞击对人员及车辆的危害。

（2）更便捷：铁马、水马无需任何路面施工即可安装，可叠放以减少堆放面积，且自重较轻，搬运方便，可以快速地安装和使用。

5.12.3 设计指引

1. 基本要求

（1）铁马、水马须设置反光膜，保证夜间指示清晰，可以让行人、车辆驾驶员一目了然，并让车辆按照水马包围的路线行驶，减速避让，提高安全性。

（2）在道路、桥梁、停车场、车站、码头、商场、收费站等场所，需要短时间分隔车流、人流时，且不需要对路基进行任何处理的情况下，应设置铁马、水马。

（3）非施工路段中使用不锈钢铁马,施工路段设置颜色鲜艳的铁马、水马,并规范整齐摆放。

2. 尺寸和材料

（1）铁马尺寸：高度约为 1.0—1.5m。

（2）铁马材料：材质可以为不锈钢、铁或塑料，一般做喷塑处理，保证使用时不会生锈腐蚀。

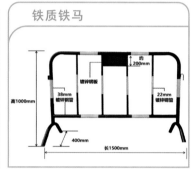

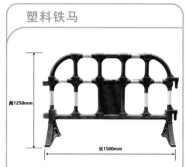

（3）水马尺寸：高度约为 1.0—1.8m。

（4）水马材料：材质一般为高强度聚氯乙烯。

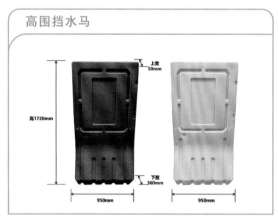

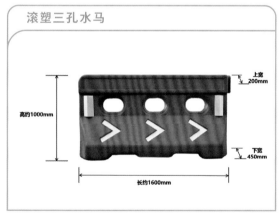

5.12.4 管养内容

施工后必须及时撤除铁马、水马，避免影响交通。及时清除铁马、水马表面污渍，保证设施干净、整洁。

施工围挡
Construction Fence —

5.13.1 定义

施工围挡是隔离施工作业区域与街道空间的设施，起到安全防护与宣传城市精神文明建设的作用。

5.13.2 依据与目标

1. 设计依据

《施工现场临时建筑物技术规范》（JGJ/T 188—2009）

2. 设计目标

（1）更安全：应使用有稳定支撑作用的结构形式，选择较硬的材料进行搭建，保证作业安全与人行安全。

（2）更美观：可以结合文字和图案，体现城市精神文明与场地建设特色，形成统一有序的风格，并与区域风格相协调。

5.13.3 设计指引

1. 基本要求

（1）施工围挡不得占用人行道，如遇必须占用的，应报相关部门审批确认，并保证协调方案应有不小于1.2m的人行通道。

（2）施工围挡不得用于挡土、承重，周边不得倚靠堆物、堆料，搭设生活设施。同时，施工材料等应与施工围挡保持不小于1m的安全距离。

（3）施工围挡搭建应考虑到影响稳固性的要素；包括砌体、高厚比、墙面接缝、地基沉降、水的侵蚀、墙体的材料及组合方式等。

（4）施工围挡应根据实际需要设置相应的辅助设施，如照明设施、喷淋设施、交通导向标志等。

2. 造型和色彩

（1）施工围挡应选用简易的结构形式和简洁的外观造型，且与周边环境相协调。

（2）施工围挡应尽可能地结合精神文明宣导、公共艺术作品展示等，对相应内容进行综合展示。

3. 尺寸和材料

（1）施工围挡的尺寸应结合施工需求进行设置。主要路段上的长期围挡应不低于2.5m，一般路段上的长期围挡应不低于1.8 m；临时围挡的设置高度应不低于1m。

（2）围挡基础宜采用砌体结构或混凝土结构，顶面宽度不小于24cm，高度宜为30—50cm。

（3）围挡立柱应采用不小于3mm厚的镀锌钢管，一般为2—4m等距设置，立柱表面应刷深灰色漆饰面。

（4）施工围挡优先选择钢质材料，选择性使用建筑废弃物再生砌体材料，有条件使用PVC材料，淘汰彩钢板。

①工期在半年以上的工程，应采用连续、封闭的钢结构、砌体围挡，原则上同一工程应采用同一种材质；

②工期在半年以下15日以上的工程，采用PVC围挡；

③工期在15日以下的工程，采用标准密扣式钢围栏（铁马）或水马围挡；

④基坑、桩基施工阶段，倒边施工频繁的地铁、市政工程以及人流密集区的工程，不宜采用砌体围挡。

4. 参考样式

（1）假草结合文字及图案

（2）真草结合文字及图案

（3）结合精神文明标语或定制图案的喷绘布

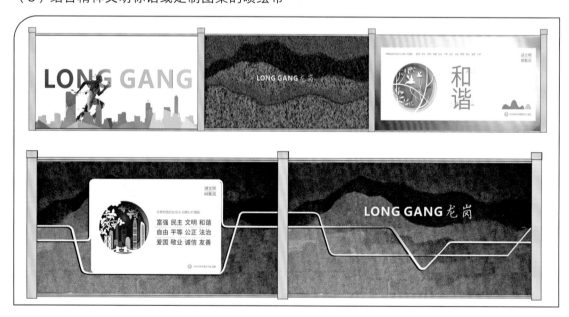

5.13.4 管养内容

建立围挡管理制度并实行动态管理，保持围挡牢固、完整、清洁。日常检查、维护应遵守以下规定：

（1）残缺、破损的，应及时修复或更换；

（2）污损、褪色的，应及时清洁、粉饰；

（3）板面文字有错漏的，应及时更正；

（4）附属设施缺损时，应及时修复；

（5）出现开裂、沉降、倾斜的，应采取加固措施或拆除重建；

（6）渣土、泥浆外漏要及时清理。

施工结束后，施工单位必须及时拆除围挡，撤除安全防护设施，修复路面，恢复交通，清理施工现场以及受影响的周边区域。

5.14 围墙

Fence —

5.14.1 定义

围墙是一种垂直向的空间隔断结构，用来围合、分割或保护某一区域。

5.14.2 依据与目标

1. 设计依据

《水工挡土墙设计规范》（SL 379—2007）

《城市绿地设计规范》（GB 50420—2007）

2. 设计目标

（1）更通透：围墙多为实体且尺度较大，易造成压抑感，可对围墙的高度进行调整，并增加通透率，营造更亲近、更舒适的界面体验。

半通透式围墙

中式镂空围墙

（2）更美观：围墙宜简洁大方，不宜过度设计，其色彩搭配应与建筑立面和街道 U 形界面相协调。

围墙与灯带结合

围墙与建筑立面相协调

（3）更复合：对围墙赋予多元化特性，基于本身的界面特质， 激发场所周边的活力，打造具有防护、交流、科普、宣传等复合功能的界面。

围墙与风雨连廊结合，增加交流互动

围墙与宣传栏结合，增加科普宣传

（4）更生态：围墙可与乔灌木、草本地被以及藤本植物等相结合，弱化围墙及分隔边界，营造出宜人的绿色街面空间。

围墙与植被搭配，美化空间

围墙与花灌木结合，弱化边界

（5）更特色：可充分挖掘地域特色，运用到围墙的细节设计中，体现城市文化与城市性格。

盐田港海滨风格围墙

徽派风格特色围墙

5.14.3 设计指引

1. 基本要求

（1）条件允许的情况下，围墙底部宜布置不窄于 0.5m 的绿化带。

（2）城市绿地不宜设置围墙，可因地制宜选择沟渠、绿墙、花篱或栏杆等替代围墙。必须设置围墙的城市绿地宜采用透空花墙或围栏。

2. 尺寸和材料

（1）尺寸：围墙高度以 0.6—3m 为宜。0.6—1.2m 高的围墙可划分不同的空间，但仍保持视觉连续感；1.2—1.8m 高的围墙可以遮挡大部分视线高度，营造心理安全感；1.8m 高度以上的围墙，空间封闭感达到最强，起到完全分隔的作用。

（2）材料：围墙应采用混凝土、不锈钢、文化石、铁锈板、塑木等耐腐蚀、易维护的材料。

3. 造型和色彩

（1）造型：围墙造型可充分结合龙岗现代化的特点，进行艺术化的设计并融入相应的特色元素。

（2）色彩：围墙的颜色应与建筑立面以及街道 U 形界面相协调，符合街道与城市氛围。色彩搭配种类原则上不超过 3 种，建议约 70% 的面积为主色，约 25% 为辅助色，约 5% 为点缀色。

混凝土

不锈钢

文化石

4. 参考样式

（1）居住区围墙：采用花岗岩提高抗压强度、锌钢提高耐腐蚀性。同时配以植被，营造出更具有亲和力的居住区氛围。

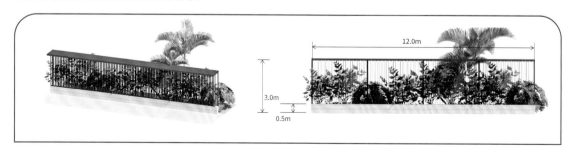

（2）校园围墙：选用石材作结构主体、防水木材作主要隔断、锌钢作部分装饰性隔断，铝框＋防水软木板或者亚克力板等作宣传栏，彩色玻璃作装饰。

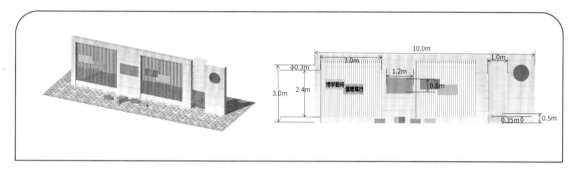

（3）公建围墙：选用石材作结构主体、铝合金或锌钢镀白漆围栏作主要隔断，铝框＋亚克力板等作宣传栏，彩色镀钛不锈钢板制作图案。

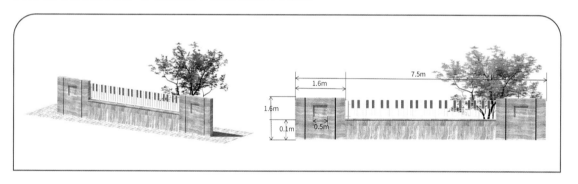

（4）产业区围墙：选用具有弹性、能缓解外力冲击的金属，通过喷漆加强其耐腐蚀性，并结合简单的植物配置。

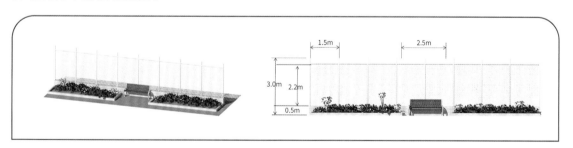

5.14.4 管养内容

围墙应定期清洗擦拭，保证其表面干净整洁。擦拭时应避免刮擦表面抗腐蚀材料，防止围墙表面锈蚀。确保围墙的连续性，如遇破损、缺失等应及时修复、修补，恢复原貌。

5.15 市政井盖
Municipal Manhole Cover

5.15.1 定义

市政井盖指安装在绿化带、人行道、非机动车道等地面的井座、井盖设施,交通、水务、电力、燃气、通信等部门设置的各类功能性井盖统称市政井盖。

5.15.2 分类

（1）按形状分类：圆形井盖、方形井盖。

（2）按材质分类：铸铁、复合材料、混凝土、不锈钢等。

（3）按性能分类：防盗、防异响、防跳、防臭、防坠落、防沉降、防位移井盖,密封井盖,压力井盖,耐油井盖、装饰井盖等。

（4）按管线类型分类：给水井盖、污水井盖、雨水井盖、燃气井盖、热力井盖、路灯井盖、电力井盖、电视井盖、通讯井盖、网络井盖、公安井盖、公交井盖等。

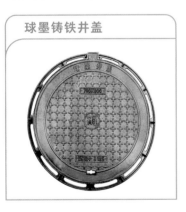
球墨铸铁井盖

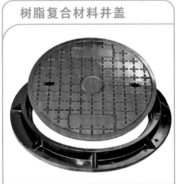
树脂复合材料井盖

混凝土井盖

5.15.3 依据与目标

1. 设计依据

《检查井盖》（GB/T 23858—2009）

《城市工程管线综合规划规范》（GB 50289—2016）

《室外排水设计标准》（GB 50014—2021）

2. 设计目标

（1）更安全：井盖必须与路面齐平，不得影响行人和车辆通行。

无边框填充式井盖

（2）更美观：井盖应与周边环境相协调，宜采用隐形井盖，装饰面层应与路面铺装相统一，也可采用特色图案设计井盖或有龙岗独特标志的井盖。

艺术铸铁井盖

5.15.4 设计指引

1. 基本要求

（1）井盖表面应有功能、主管部门、检修电话等信息标志。

（2）井盖设施应容易开启和关闭，盖板能用简单工具打开。

（3）井盖的安装高度必须保证与路面齐平，不得影响行人和车辆通行。

（4）城市快速路、主干道、次干道、支路等各类型车辆通行的城市道路均应采用防沉降井盖，保证车辆行驶平顺无噪声。

2. 系统协调

（1）井盖的材质和色彩应与周围铺装相协调，铺装交接处不得使用与周边环境不协调的镶嵌材料。

（2）保证井盖边缘方向必须与人行道铺装方向一致，同时尽可能保证井盖边框与周边铺装缝隙对缝铺设。

（3）井盖应考虑与无障碍设施的统筹，尤其与盲道的协调，井盖不应设置于盲道上，实际情况难以满足时，应考虑盲道与井盖的结合，保证盲道连续、不绕行、平整。

5.15.5 管养原则

1. 管养周期

制订巡检计划，主要道路两侧每季度一次，其他区域每年两次。

2. 管养内容

应确保井盖在功能、外观上完整，如遇破损、凸起、凹陷等问题应及时修复、修补，解除安全隐患。

5.15.6 未来趋势

智慧井盖

通过云平台对井盖的定位信息、温度、湿度、移动情况进行监控，实现井盖地理位置管理、井盖资产管理、井盖告警实时监控、井盖故障实时派单。

建立基于电子标签为井盖建立的身份标志，对井盖进行统一归档、统一管理。

通过手机 APP 也可以实现井盖状态监控。

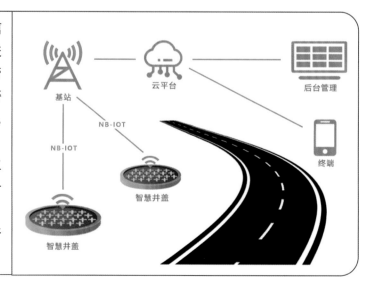

5.16 雨水箅子
Rain Strainer

5.16.1 定义

雨水箅子是一种能保证迅速有效地收集地面雨水的地面装置，可以防止雨水漫过道路或造成道路及低洼地区积水而阻碍交通。

5.16.2 分类

平箅式雨水箅子

雨水箅子位于路面上，只收集路面雨水。

联合式雨水箅子

同时依靠平箅和立箅来收集雨水，排水迅速。

偏沟式雨水箅子

雨水箅子紧靠路缘石，收集路面侧的雨水。

5.16.3 设计目标

（1）更协调：雨水箅子的设计应美观大方，与道路整体环境相协调，同时逐渐向轻质化、艺术化转变。

（2）更有效：雨水箅子的箅面应低于周围地面，结合道路坡度，能够更有效、快速地达到排水的效果。

5.16.4 设计指引

1. 基本要求

（1）非机动车道及人行道的雨水箅子应结合场地情况设置，宜优先选用平箅式雨水箅子。汇水面积较大容易导致路面积水的路段宜采用联合式雨水箅子。

（2）道路汇水点、人行横道上游、沿街单位出入口上游、靠地面径流的街坊或庭院的出水口等处均应设置雨水箅子，道路低洼和易积水地段应根据需要适当增加雨水箅子。

2. 要素布局

（1）雨水箅子的设置应与人行道铺装整体考虑，其布局可呈点状或线状有序排列。

（2）原则上雨水箅子应尽量设置在人行道及非机动车道靠近道路红线侧，不宜设置在道路中间，以免影响行人或非机动车通行。

3. 尺寸和材料

（1）尺寸：见下表。

雨水箅子及其部件	尺寸要求
雨水箅子深度	不宜大于 1m
雨水箅子连接管坡度	不得小于 1%
雨水箅子间距	宜为 25—50m
箅面低于周围地面高度	宜为 30—50mm
建议雨水箅子尺寸（长 x 宽 x 高）	宜为 750mm x 450mm x 50mm
建议配套箅子支座尺寸（长 x 宽 x 高）	宜为 872mm x 572mm x 85mm

（2）材料：雨水箅子通常采用铸铁材质，也可采用钢纤维混凝土、石材及复合材料等，雨水箅子的基座可采用混凝土预制或现浇结构。

5.16.5 管养原则

1. 管养周期

制订巡检计划，主要道路两侧每季度一次，其他区域每年两次。

2. 管养内容

（1）保证雨水箅子表面无生锈破损、无松动翘起的情况，功能完好，能够迅速有效地收集地面雨水。

（2）保证雨水箅子表面整洁、美观，雨水箅子孔隙内及其周围无明显垃圾残留现象。

户外市政箱及保护罩
Municipal Cabinet and Protective Cover

5.17.1 定义

户外市政箱柜指各类通信、广电、交通、监控等弱电箱体，外部可设置起到美化及保护作用的保护罩。

5.17.2 依据与目标

1. 设计依据

《通信光缆交接箱》（YD/T 988—2007）

2. 设计目标

（1）更美观：户外市政箱及保护罩应当美观、大方，且与环境协调统一，门户路段可进行艺术化改造。

（2）更集约：箱柜宜本着集约设置的原则，进行小型化、归并式、集中式设计。

5.17.3 设计指引

1. 基本要求

（1）同路段各类市政箱柜外形宜统一，并配上标志铭牌，注明控制箱类别、产权单位、报修电话及警示标语。

（2）保护罩宜有镂空或格栅设计，满足装饰罩内机箱通风要求。

2. 要素布局

（1）户外市政箱及保护罩一般布设在公共设施带、路边绿化带内，不宜布设于路口人行道、居住小区和商业设施等进出口处，不得影响道路交通。

（2）不宜在路口视距三角区内设置市政箱，杜绝交通安全隐患。

3. 参考样式

（1）标准化改造型：采用深圳供电局的"璀璨盒子"设计方案进行统一的标准化改造。

第一类：应用市委宣传部设计、市城管局审定的造型

应用场景：CBD、城市主干道、各区核心城区、景区等。

造价：约4.5万元。

材料参数：玻璃钢材质，胶衣工艺，壁厚大于等于4mm一体成型，模块总厚度40mm。

| "勇立潮头"款 |

以奔腾浪花彰显深圳城市精神气质，在新时代、新征程中再逐改革开放大潮，书写中国特色社会主义建设的生动篇章。

| "花开新时代"款 |

以勒杜鹃为设计元素，展示了城市蓬勃旺盛的生命力，绽放新时代的城市魅力。

| "枝繁叶茂"款 |

以枝繁叶茂的榕树寓意改革开放精神生生不息，深圳城市发展欣欣向荣。

第二类：此类为第一类的延伸，保留主要设计元素，更体现经济性

应用场景：各区重点区域主要道路、重点建筑周边。

造价：约 2.5—3 万元。

材料参数：玻璃钢材质，胶衣工艺，壁厚 6mm，四周折边 40mm。

第三类：在第一类和第二类的基础上做简化处理，降低成本

应用场景：除第一类、第二类选点以外的其他区域。

造价：约 1.8—2 万元。

材料参数：玻璃钢材质，胶衣工艺，壁厚 6mm，四周折边 40mm。

（2）简易刷新型：统一用灰色油漆刷新，做简易图案喷绘。

（3）环境协调型：采用有植物图案的灰色穿孔板，与周围环境相协调。

（4）艺术提升型：标准化设计，统一色调，局部加入雕塑小品元素，同时合页门面层可以丝网印刷龙岗文化元素。

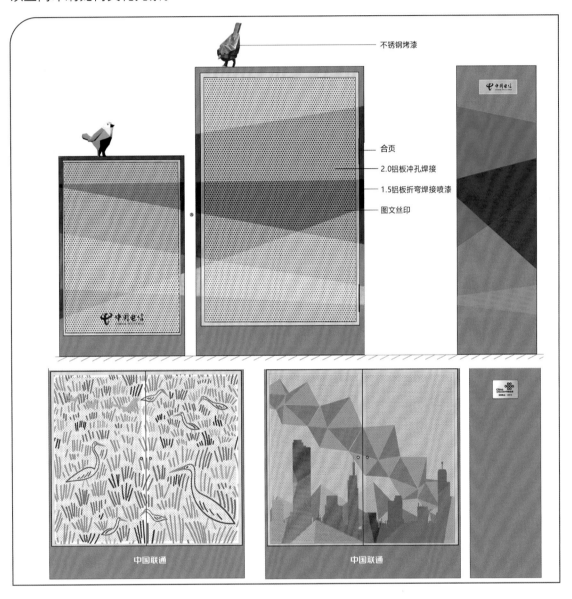

5.17.4 管养原则

1. 管养周期

制订巡检计划，主要道路两侧每天一次，其他区域每周两次。

2. 管养内容

确保箱柜基座、底部盖板、柜门及锁具、保护罩完好无破损，且表面干净整洁无污渍、标志清晰。

消火栓
Fire Hydrant ——

5.18.1 定义

消火栓是一种固定式公共消防设施，主要作用是控制可燃物、隔绝助燃物、消除着火源。

5.18.2 依据与目标

1. 设计依据

《消防给水及消火栓系统技术规范》（GB 50974—2014）
《室外消火栓》（GB 4452—2011）

2. 设计目标

更协调：在符合消防安全的前提下，消火栓的设置应与周边道路设施协调，避免对人行道产生阻碍。

5.18.3 设计指引

1. 基本要求

（1）消火栓应统一型号规格。市政消火栓宜采用地上式，地下式消火栓应在地上对应位置设置明显标志。

（2）当消火栓位于绿化带等隐蔽位置时，应设置消火栓指示牌。

2. 要素布局

（1）市政桥桥头和城市交通隧道出入口等市政公用设施处，应设置消火栓。

（2）消火栓应布置在消防车易于接近的人行道和绿地等场地，宜设置在道路的一侧，不得妨碍交通，并符合下列规定：

①市政消火栓距路边不宜小于 0.5m，并不应大于 2m。

②市政消火栓距建筑外墙或外墙边缘不得小于 5m。

③为便于使用，规定消火栓距被保护建筑物不宜超过 40m。

④消火栓应避免设置在机械易撞击的地点，确有困难时，应设置防撞笼。

（3）消火栓禁止设置于交叉路口行人等待过街的区域内，以保证人行安全和过街顺畅。

（4）当道路宽度超过 60m 时，应在道路两侧交叉错落地设置消防设施。

3. 造型和色彩

（1）刷漆：消火栓栓体应刷涂红色（C0,M100,Y100,K0），
出水口刷涂黄色荧光漆（C5,M10,Y90,K0），离地面
100mm处刷涂白色环状荧光漆（R255,G255,B255）。

（2）挂牌：挂牌应悬挂于排水口上，挂牌内容应包括编号、
二维码、所属单位及联系电话等。

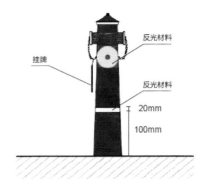

5.18.4 管养原则

1. 管养周期

制订定期巡查计划，主要道路两侧每季度两次，其他区域每季度一次。

2. 管养内容

保证消火栓表面光滑、颜色均匀、无龟裂、划伤和碰撞，同时功能完好，无"跑、冒、滴、漏"现象。

5.18.5 未来趋势

智能消火栓

智慧性：内外部使用统一系统，实现智能消火栓管理、使用全程信息化。

拓展性：采用有机监控平台和组件开发模式，方便根据需求进行改动和重新组装。

经济性：对现有消火栓设施进行改造升级，降低成本。

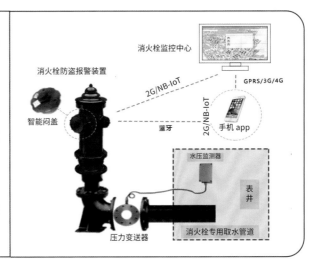

5.19 路灯
Street Lighting

5.19.1 定义

路灯泛指交通照明中路面照明范围内的灯具。多设于道路一侧或两侧，为夜间车辆行驶和行人行走提供照明，防止发生交通事故，保障道路使用的安全性。

5.19.2 分类

按照明形式可分为高杆路灯、高低杆路灯、低杆路灯。高杆路灯主要用于车行道照明；高低杆路灯兼顾车行道与人行道照明；低杆路灯主要用于一般人行道、非机动车道照明。

5.19.3 依据与目标

1. 设计依据

《城市道路交通设施设计规范》（GB 50688—2011）
《城市道路照明设计标准》（CJJ 45—2015）
《城市道路工程设计规范》（CJJ 37—2012）

2. 设计目标

（1）集约化：高杆路灯是合杆设施的主要载体，按照能合则合的原则，对交通信号灯、交通监控杆、道路指示标志牌、禁令标志牌、警告标志牌等各类杆体进行集约化设置。

（2）可持续：做好照明能耗控制、节能控制实践和光源寿命全周期管理。

集约化：多杆合一

可持续：太阳能节能路灯

5.19.4 设计指引

1. 要素布局

（1）柱形灯的间距应考虑灯具的配光曲线，建议间距为 12—16m。

（2）在人行道上安装路灯与路缘石距离应控制在 0.2—0.4m。

（3）路灯的设置应以交叉路口距离停止线 3—10m 为起（终）点。

（4）在侧分隔带或中央分隔带中安装路灯宜居中设置，与其他大型交通标志牌中心对齐。

（5）灯杆布置轴线不宜与树木布置轴线重合，避免树木遮挡道路照明。

（6）路灯不得侵入道路建筑限界内，灯杆位置应选择合理，与架空线路、地下设施以及影响路灯维护的建筑物保持安全距离，且禁止设置在路边易被机动车刮碰的位置和维护时会妨碍交通的位置。

2. 系统协调

路灯应与区域内其他城市家具进行系统性设计，杆体的色彩、造型和风格以及灯具的色彩应与其他设施和周边环境风貌整体协调统一。

3. 尺寸和材料

（1）灯源高度：路灯灯源安装高度应根据道路宽度与灯具类型综合考虑，车行道路灯的高度宜控制在 6—16m，人行道与非机动车道路灯的高度宜控制在 4—4.5m。

（2）悬挑高度：灯具的悬挑长度不宜超过安装高度的 1/4，灯具的仰角宜控制在 10°—15°。

（3）材料选择：材料可选择铁、铝、铜、不锈钢、玻璃钢、树脂等。

5.19.5 管养原则

1. 管养周期

制订巡检计划，主要道路两侧每天一次，其他区域每周两次。

2. 管养内容

（1）保证路灯外观整洁，灯杆无倾斜破损、表面无脏污锈蚀，检修口无缺失或破损，电线无外露等现象。

（2）保证灯具功能完好、安装牢固，夜间亮度充足，同时定期清洗灯具，以免因空气污染降低灯具发光效率。

（3）应对遮挡光线的行道树进行适当枝剪，保证路灯的夜间照明功能。

景观灯
Landscape Lighting

5.20.1 定义

景观灯是指通过人工灯光以装饰和造景为目的的照明设施，能够在夜间标识提示、引导路线、突出主景、丰富夜间景观层次，具有美化城市、营造特色城市夜景的作用。景观灯通常采用特殊艺术造型，对主要建筑、道路、艺术小品等进行照明。

5.20.2 依据及目标

1. 设计依据

《城市夜景照明设计规范》（JGJ/T 163—2008）

《城市道路照明设计标准》（CJJ 163—2008）

《深圳市城市照明管理办法》（深圳市人民政府令第 309 号）

2. 设计目标

（1）更美观：注重整体艺术效果，做到"见光不见灯"，结合周边环境并协调各种灯光的色彩与比例。

（2）可持续：选用高效、低能耗的灯具，如太阳能、风力灯具。

5.20.3 设计指引

1. 基本要求

（1）景观灯应根据道路功能和等级确定其照明要求，满足所需的照度和照度均匀度要求。

（2）景观灯应严格控制外溢光和杂散光，避免形成障害光，避免对道路通行造成眩光障碍，同时避免光线对周边乔灌木、花卉等植物生长，以及住宅区居民夜间休息造成影响。

2. 系统协调

（1）景观灯的光色应与被照对象和所在区域的特征相协调，不应与交通信号灯造成视觉上的混淆。

（2）景观灯应兼顾白天与夜景效果，造型应与周围环境相协调，注意整体景观效果，彰显地域文化特色，营造良好的城市夜景形象。

3. 照明方式

（1）轮廓照明：为了显示设施的体积和整体形态，常将带有一定色彩的点光源或灯带沿设施轮廓布置，达到夜间勾勒出设施轮廓的目的。

（2）泛光照明：又称投影照明。利用泛光灯照射建筑物或构筑物外装饰面，使其亮度高于周围环境，显示被照物的形状，突出其整体外观，是常用的立面照明方式之一。

（3）装饰照明：装饰照明主要是在保障设施基础照明的情况下，通过一些色彩和动感上的变化，以及智能照明控制系统等，对设施加以装饰，能够增添环境气氛。装饰照明能产生很多种效果和气氛，给人带来不同的视觉享受。

轮廓照明

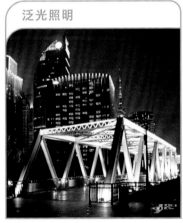
泛光照明

装饰照明

5.20.4 管养原则

1. 管养周期

制订设施保养计划，主要道路每天一次，其他区域每周两次。

2. 管养内容

（1）保证景观灯外观整洁，表面无脏污、无锈蚀，完好无破损，无电线裸露。

（2）保证灯具功能完好、安装牢固，夜间亮度充足，同时定期清洗灯具，以免因空气污染降低灯具发光效率。

5.21 树池树箅
Planting Pool

5.21.1 定义

树池也称树穴，是在有铺装的地面上种植树木或其他植被时，为提供树木生长所需的基本空间而形成的没有铺装的土地。树箅是树池上方的盖板，具有保护植物根部免受破坏、增加街道步行区域的作用。

5.21.2 分类

根据空间形态及其与周边道路的高度差异，可以分为 3 类。

独立式

树池树箅顶面与人行道齐平，多用于空间紧凑或人流量大的人行道。

连续式

树池树箅连续布置，多用于景观型道路与交通型道路之间的分隔带。

抬升式

树池树箅高出人行道表面，多结合座椅进行复合设计，尤其适用于有起根现象的树穴。

5.21.3 依据与目标

1. 设计依据

《城市道路绿化规划与设计规范》（CJJ 75—97）
《园林绿化工程施工及验收规范》（CJJ 82—2012）

2. 设计目标

（1）更生态：树池树箅应作为海绵城市收集路面雨水的设施，在一定程度上起到缓解道路积水、丰富道路绿化、美化街道景观的作用。

（2）更复合：树池树箅宜与座椅、照明等功能设施相结合，形成功能上的集约。

（3）更艺术：树池树箅应进行纹样、造型等设计，体现龙岗区域特色。

更生态：海绵树池　　更复合：与座椅结合　　更艺术：表达主题

5.21.4 设计指引

1. 基本要求

（1）当人行道空间局促（如宽度小于 2m）或步行、停留空间需求大（如人流密集、转弯交叉路口等区域），应尽可能选用独立式树池，避免选用抬升式树池，以保障步行空间。

（2）独立式树池应做到树池边框、树箅表面等与人行道齐平，且减小接缝间隙。

（3）树池大小、树箅内径等尺寸应结合植物生长需求进行设计和定期更换。

（4）连续的人行道空间以及同一街区内的树池树箅应保持风格统一，避免样式多变导致风格混乱。

2. 要素布局

（1）间距：树池中心点间距一般为 4—8m，具体应结合植物胸径与生长需求进行设计。

（2）边距：对于靠近路缘石边缘的树池，树池中心距路缘石外侧不宜小于 0.75m；对远离路缘石边缘的树池，应保证行人通行区宽度不小于 1.5m。

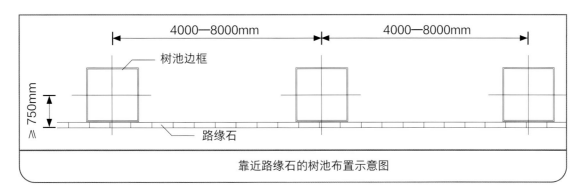

靠近路缘石的树池布置示意图

3. 尺寸和材料

（1）尺寸：行道树树池边长一般为1.2—1.5m，如兼顾休憩功能，其高度宜为0.4—0.6m。

（2）材料：树池收边尽量与铺装材料保持一致；树箅应采用耐腐蚀性强、稳定性好的材料，包括铸铁金属、散铺材料等，或利用地被覆绿进行替代。

铸铁金属板

散铺材料

植物覆绿

4. 造型和色彩

（1）造型：一般为圆形、方形等，如有特殊造型设计，应与铺装样式、周边景观氛围相协调。

（2）色彩：树池树箅的色彩应与铺装色彩相协调。

5. 系统协调

树池树箅的造型、色彩、尺寸、材料等应与街道空间整体风貌相协调，选型、布局等应兼顾植物生长需求与步行空间尺度等内容。

5.21.5 管养内容

（1）功能完整：树池树箅应保证形态和功能的完整性，避免破损导致的安全隐患等。

（2）干净整洁：树池树箅应定期清理检查，避免街道垃圾、杂物等在此堆放。

（3）保持美观：对缺少植物的树池应及时补种，若短期内不能补种，应结合植物覆绿、散铺材料填充、树箅遮挡等方法保持树池美观，避免泥土裸露。

花箱花钵
Flower Pot

5.22.1 定义

花箱花钵是种植花草的容器，具有体积小、可移动、易组装的特点，可以起到空间分隔、装点城市街道、丰富视觉等作用。

5.22.2 依据与目标

1. 设计依据

《道路广场花卉布置技术规程》（SZDB/Z 235—2017）

2. 设计目标

（1）整体美观：植物种植宜完全覆盖土层，避免种植土外露。

（2）艺术特色：花箱花钵样式及组合形式应契合街道整体风格，重点区段应着重体现龙岗区域文化特色。

整体美观：花箱花钵与周边环境协调、植物长势良好

5.22.3 设计指引

1. 基本要求

（1）花箱花钵造型应杜绝锐利的尖角、棱角，避免发生安全事故。

（2）应尽量选择景观效果良好、抗性强、耐旱、抗病虫害、易于管养维护的植物种类。

（3）种植土应采用土质疏松的微酸性土质、富含有机质且排水良好的土壤，较大的花钵必须有卵石排水层，以保证植物能够良好生长。

2. 要素布局

根据景观美化需求安排花箱花钵布局，但应保证不妨碍步行、不造成安全隐患。另外，在主要道路、广场、商业区、住区及停车场出入口等限流区域，可利用花箱花钵与防撞柱结合布置。

3. 尺寸和材料

（1）尺寸：花箱花钵盆口直径要与植株冠径大体相衬；带有泥团的植株，放入花钵后，花钵四周应留有 20—40mm 的空隙，以便加入新土；不带泥团的植株，根系放入花钵后，要能够伸展开来，不宜弯曲；如果主根或须根太长，可作适当修剪再种植。

（2）材料：应当选择安全、耐水性强的材质，如不锈钢、预制混凝土、花岗岩等。

4. 系统协调

花箱花钵的造型、风格、色彩等应与周围的场地条件和建筑风格相协调。

花箱色彩和周围建筑色彩保持协调

现代简约的风格契合办公区整体环境

5.22.4 管养原则

1. 管养周期

主要道路每周一次，其他区域每月两次 。

2. 管养内容

（1）花箱花钵管养：定期清洁花盆、清理残枝，保证干净整洁；较大的花钵应定期换土、松土等，保证其透水性和透气性。

（2）种植植物管养：一般应遵照"不干不浇，浇则浇透"的原则，以能看见水分从底部孔缓慢渗出为佳，浇水相对均匀，不出现明显的局部干旱或积水现象。

护树架
Tree Supporter —

5.23.1 定义

护树架是为了帮助新移植树木保持稳定而围绕在树干外侧的支架结构。

5.23.2 依据与目标

1. 设计依据

《园林绿化工程施工及验收规范》（CJJ 82—2012）
《深圳市城市管理工作联席会议办公室关于规范护树架颜色的通知》（深城管联席会［2017］14 号）

2. 设计目标

（1）更协调：护树架选取的材料、风格应与环境协调统一。
（2）更稳固：护树架应选择耐用材质，且支撑稳定牢固。

5.23.3 设计指引

1. 基本要求

（1）护树架尺寸不应过大，避免占用人行通道。
（2）护树架地面部分各独立支架宜摆放均匀、美观，支架表面应保持整洁，无明显污渍和破损。
（3）一般应采用四角镀锌钢管护树架。如遇大型乔木，根据需要采用四角镀锌钢管护树架或钢索护树架。
（4）护树架支撑应牢固。支撑下埋深度要按树种规格而定，禁止打穿土球或损伤盘根；支撑点应位于树高 1/3—2/3 处，绑固树木处应加垫物，绑固后的树干应保持直立。

2. 造型和色彩

不应凸显护树架的造型和色彩特征。按照相关规定，金属类护树架颜色统一规范为深灰色（《漆膜颜色标准样卡》GSB05—1426—2001 中"71B01"），玻璃钢纤维类护树架颜色统一规范为咖啡色（PANTONE 色卡中"2318C"）。

四角镀锌钢管护树架示意图

成品绑带，内垫橡胶片
镀锌钢管面喷深灰色油漆
硬地或固桩砖
回填种植土

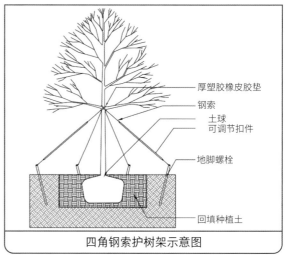

四角钢索护树架示意图

厚塑胶橡皮胶垫
钢索
土球
可调节扣件
地脚螺栓
回填种植土

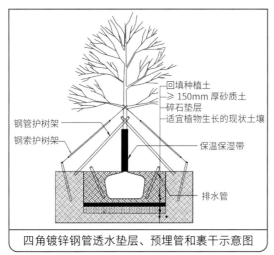

四角镀锌钢管透水垫层、预埋管和裹干示意图

钢管护树架
钢索护树架

回填种植土
≥150mm 厚砂质土
碎石垫层
适宜植物生长的现状土壤
保温保湿带
排水管

四角镀锌钢管护树架

5.23.4 管养内容

各类绿化工程新建护树架一律按照要求规范设置，已有护树架颜色不符合要求的，应重新刷漆，或在提升更新时予以统一更换。护树架支架不得妨碍通行，如遇支架脚伸至人行空间需要及时整改，将伸出部分挪至绿化带内。

5.24 风雨连廊

Awnings

5.24.1 定义

风雨连廊是给行人提供遮阳避雨步行通道的构筑物，用于连接公共交通站点与周边建筑出入口或两个近距离的站点。

5.24.2 分类

1）畅通步行式

优点： 保障步行空间的完整性、通畅性，占地面积较少。

缺点： 标准化设计，空间缺乏丰富变化，功能较单一。

2）休闲活动式

结合顶棚绿化打造景观效果良好、功能复合的风雨连廊，为市民提供日常的休闲活动空间。

优点： 顶面提供良好的活动平台；连廊下可提供小桌板、充电插头等设施。

缺点： 建造成本较高，占地面积大。

3）模块装配式

通过模块的组合配置，满足各种环境的定制需求；装配式的流程，可以简化整个产品采购、物流、制造流程。

优点： 可增设便民设施，功能复合；模块化利于推广。

缺点： 建造成本相对较高。

5.24.3 设计目标

（1）易维护：连廊不易积水、积垢，易于清洁维护。

（2）少侵占：较少地占用街道空间，保障连续、完整的人行道空间。

（3）更协调：与周边环境、建筑立面、街道风貌协调与融合。

5.24.4 设计指引

1. 基本要求

（1）避免立柱过多占用人行道空间，避免采用锐利的尖角，保障人行安全。

（2）应满足遮阳避雨、自然通风、采光等基本要求。

（3）连廊应统一材质、样式、颜色，与周边环境相协调。造型简洁、经济实用、耐久美观，便于维修和清洁。

2. 要素布局

（1）建议在市区交叉路口及非机动车道无绿化遮阴的空间设置风雨连廊。

（2）建议考虑交通站点与各目的地的步行接驳路线，构建系统完整的遮阳避雨步行体系。该体系可覆盖地铁站点周边 200m 范围区域，连接区域内的公交站点、办公区、商业区、居住区、大型公共建筑等。

3. 尺寸和材料

（1）尺寸：连廊不得过高或过低，高度宜为 2.5—3.0m，不得阻碍使用者撑伞的需要。连廊宽度宜为 2.5—3.0m，保障良好的遮阳避雨效果。

（2）材料：材料需耐磨损、抗风压、耐风化、抗酸碱、耐雨淋且不易剥离分解。

4. 造型和色彩

（1）造型：建议采用弧形、无凹槽顶棚，可减少落叶堆积，便于清理。

（2）色彩：选用具有环境协调性的色彩，不宜显得突兀。宜采用金属色、木材原色和铸铁黑灰色等饱和度较低的颜色。

5.24.5 管养原则

1. 管养周期

制订巡检计划，主要道路两侧每两周一次，其他区域每季度一次。

2. 管养内容

确保设施功能保持完好、无漏电，外观无涂写、张贴、悬挂、搭盖，外露结构洁净无积尘、无脏污，保持环境卫生整洁，线路标示用字规范、字迹清晰、张贴（挂）工整牢固。

5.24.6 未来趋势

多功能太阳能休闲风雨连廊

多功能太阳能休闲风雨连廊不仅能够遮阳避雨，还在顶面增设太阳能发电设施，并且提供更丰富的便民服务。连廊下提供公共座椅，并配置智慧导视系统、无线充电设备等，可为手机、电脑等移动电子设备充电。

5.25 地铁指示牌
Subway Sign

5.25.1 定义
地铁指示牌是为乘客指示地铁站入口方向和位置的标志牌。

5.25.2 依据与目标

1. 设计依据
《深圳市城市轨道交通公共标志系统实施方案》

2. 设计目标
系统性：统一地铁指示牌的造型、材料、色彩要求。

5.25.3 设计指引

1. 基本要求
（1）根据城市文化特点，采用最佳的视觉表达形式，清晰地传达指示牌的导向信息。
（2）杆体宜采用深灰色，指示牌主体贴白色反光膜，增加三角柱形的盖帽，外贴鲜明的橙色反光膜。
（3）箭头指明方向，中英文标明地铁站名称，标明地铁线路名称以及此处与地铁站入口距离。

2. 要素布局
在地铁站出入口 500m 范围内主要道路上应连续设置地铁指示牌，满足连续导向要求。

5.25.4 管养原则

1. 管养周期
制订巡检计划，主要道路两侧每天一次，其他区域每周两次。

2. 管养内容
应保证地铁指示牌布置位置合理，功能保持完好，外观整洁、牌面字迹清晰，无污渍、无遮挡。

直观统一的地铁指示牌

5.26 公厕指示牌
Public Toilet Sign

5.26.1 定义

公厕指示牌是用于指示公共厕所方向和位置的标志牌。

5.26.2 依据与目标

1. 设计依据

《深圳市公共厕所管理办法》（深圳市人民政府令第 252 号）

《环境卫生图形符号标准》（CJJ/T 125—2008）

2. 设计目标

更清晰：指示牌清晰、完整，导向正确，版面内容简洁易懂。

5.26.3 设计指引

1. 基本要求

（1）指示牌主体贴白色反光膜。

（2）使用红色的箭头指明公厕方向，中英文标明公共洗手间字样，使用规范的图形指明厕所的类别。

2. 要素布局

（1）应设置在公共厕所入口处及附近 50 —200 m 区域。

（2）公厕指示牌应设置于醒目位置，同时避免屋檐或树冠遮挡。

5.26.4 管养原则

1. 管养周期

制订巡检计划，主要道路两侧每天一次，其他区域每周两次。

2. 管养内容

应保证公厕指示牌布置位置合理，指向正确，牌面字迹、图形清晰，无污渍、无遮挡。

直观统一的公厕指示牌

路名牌
Road Brand ——

5.27.1 定义

路名牌是标明道路名称，为人们出行提供导向服务的标志牌。

5.27.2 依据与目标

1. 设计依据

《城市道路交通设施设计规范》（GB 50688—2011）

《城市道路交通标志和标线设置规范》（GB 51038—2015）

《新款独立式路名牌施工图设计图样》深圳市交通运输委员会（2018 年）

2. 设计目标

（1）更统一：路名牌的设计应统一采用深圳市交通运输委员会所指定的新款独立式路名牌。特定区域的路名牌可根据需要进行特色设计。

（2）集约化：杆体宜与区域内其他城市家具进行系统设计，且尽可能与其他交通设施或照明杆体合杆设置。

5.27.3 设计指引

1. 基本要求

（1）路名牌应根据周边环境、道路结构、交通状况、周边绿化及设施等条件设置，多设置在交通十字、丁字路口，以及车辆行进方向道路右侧或分隔带上。

（2）路名牌的标志版面应与行车方向平行设置，且设置在行人、车辆容易看见的位置，禁止被遮挡。

（3）当相邻两个交叉口间的距离大于 600m 时，应考虑在路段范围内等距增设路名牌。

（4）禁止出现一路多名的现象。

2. 要素布局

（1）路名牌立柱应距离车行道边缘 25—50cm，且不宜大于人行道宽度的 1/3。

（2）路名牌立柱宜与其他标志牌立柱成一条直线。

3. 尺寸和材料

采用单柱式路名牌，主体采用铝合金制作，由标志板、柱头、立柱、基础4部分组成。

（1）标志板：尺寸为1200mm×360mm×8mm，颜色采用白底黑字，标志板下缘离地高度2.2m。

（2）柱头：采用扇形柱头，材质为6063-T6铝合金。

（3）立柱：直径76mm、厚6mm，24棱罗马柱。

（4）基础：加劲肋、法兰盘均采用6063-T6铝合金。

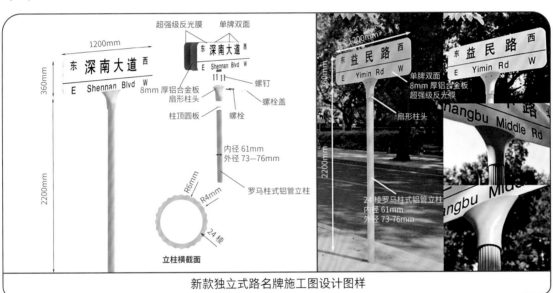

新款独立式路名牌施工图设计图样

5.27.4 管养原则

1. 管养周期

制订巡检计划，主要道路两侧每天一次，其他区域每周两次。

2. 管养内容

应保证路名牌布置位置合理，牌面字迹清晰，无污渍、无遮挡，并定期清理张贴在立柱上的小广告。

交通信号灯杆
Traffic Signal Pole

5.28.1 定义

交通信号灯杆是在道路交通中用于支撑交通信号灯的杆体。

5.28.2 依据与目标

1. 设计依据

《道路交通信号灯》（GB 14887—2011）

《城市道路交通设施设计规范》（GB 50688—2011）

《道路交通信号灯设置与安装规范》（GB 14886—2016）

2. 设计目标

（1）集约化：统筹考虑交通信号灯杆与各类杆件的结构、外观及空间布置的协调关系，推行多杆合一，集约占地空间。

（2）设施完整：保证杆件的形态完整与功能上的坚固耐用，避免其因破损导致的安全隐患。

集约化：多杆合一

设施完整：杆件完整，保障安全

5.28.3 设计指引

1. 基本要求

（1）交通信号灯杆的风貌与路口建筑环境相协调。

（2）金属构件的焊接均为满焊，且焊缝均匀，不得有裂缝、过烧的现象。外露金属构件焊接部分的焊缝均应锉平，避免安全隐患。

（3）灯杆基础要深埋，杆件、法兰盘、地脚螺栓等金属构件及悬臂、支撑臂等附件的防腐性能应符合《公路交通工程钢构件防腐技术条件》（GB/T 18226—2015）的规定。

（4）检修口应采用隐蔽式设计，且开口朝绿化带方向。

2. 要素布局

交通信号灯杆应布设于中分带、侧分带或人行道内设施带，并宜与其他设施杆件中心对齐。

3. 尺寸和材料

（1）尺寸：采取悬臂式安装时，安装高度应为 5.5—7m。采取柱式安装时，安装高度不低于 3m。安装于立交桥上时，不得低于桥体净空。悬臂长度最长不超过最内侧车道中心，最短不小于最外侧车道中心。

（2）材料：信号灯杆杆体推荐采用 Q235 优质碳素结构钢制造，材质必须符合《碳素结构钢》（GB/T 700—2006）标准要求。

5.28.4 管养原则

1. 管养周期

制订巡检计划，主要道路每周一次，其他区域每两周一次。

2. 管养内容

应保证灯杆表面无污渍和小广告，灯杆无生锈、功能完好。

5.29 交通监控杆

Traffic Monitoring Pole

5.29.1 定义

交通监控杆是布设于十字路口、重点道路等区域，用于固定支撑监控设备的杆体。

5.29.2 依据与目标

1. 设计依据

《城市道路交通设施设计规范》（GB 50688—2011）

2. 设计目标

（1）集约化：统筹考虑交通监控杆与各类杆件的结构、外观及空间布置的协调关系，推行多杆合一。

（2）整体协调：交通信号杆不得占用人行空间，并与周边环境协调统一。

集约化：同类杆件或多类杆件合并

整体协调：布局与周边环境协调统一

5.29.3 设计指引

（1）交通监控杆应安装防雷电系统。

（2）采用悬臂式安装时，安装高度应为5.5—7m。采用柱式安装时，安装高度不低于3m，安装于立体桥上时，不得低于桥体净空。

（3）交通监控杆上的露天防雨箱应有机箱基础，整体美观，表面喷涂明显的警示标志。

5.30 交通标志牌
Traffic Signs

5.30.1 定义

交通标志牌是显示交通法规及道路信息相关图形符号的标志牌。

5.30.2 依据与目标

1. 设计依据

《城市道路交通标志和标线设置规范》（GB 51038—2015）

《城市道路交通设施设计规范》（GB 50688—2011）

2. 设计目标

（1）集约化：综合考虑交通标志牌与其他杆件设施合并，推行多杆合一。

（2）更清晰：交通标志牌图案与文字清晰无污渍，无重复设置或指示不统一的情况。

集约化：同类杆件或多类杆件合并

更清晰：标志牌完整清晰，指示明确

5.30.3 设计指引

（1）交通标志牌应采用逆反射材料制作标志面或安装照明设施。

（2）标志牌版面图形、文字应符合《城市道路交通标志和标线设置规范》（GB 51038—2015）规定。

（3）采取悬臂式安装时，安装高度应为 5.5—7m。采取柱式安装时，标志牌下缘距路面的高度一般为 1.5—2.5m。设置在有行人、非机动车的路侧时，设置高度宜大于 2m。

5.31 人行护栏

Pedestrian Guard

5.31.1 定义

人行护栏是在公路、商业区、公共场所等空间中，对行人步行安全起到保护作用的防护设施。

5.31.2 依据与目标

1. 设计依据

《城市综合交通体系规划标准》（GB/T 51328—2018）

《城镇道路工程施工与质量验收规范》（CJJ 1—2008）

《深圳市工程建设标准——道路设计标准》（SJG 69—2020）

2. 设计目标

（1）更安全：人行护栏应完整连续、底座稳固，采用竖向杆件，防止行人攀爬。

（2）更美观：人行护栏的样式应与整体道路环境相协调，可采用装配式护栏。对重要的景观大道可以采用装饰性护栏，结合绿化设施、在地文化要素等进行设计。

更安全：竖向杆件防止攀爬

更美观：结合绿化设施

5.31.3 设计指引

1. 基本要求

（1）城市主、次干道一般应设置人行护栏，且应从人行道缘石坡道结束位置、紧贴路缘石内边线布设。

（2）连续路段应使用样式相同的人行护栏。

（3）保证人行护栏的连续性，禁止留有断口。如遇障碍物应结合具体的功能需求进行避让，或结合障碍物进行统一布置。

2. 尺寸和材料

（1）人行道或安全带外侧的护栏高度不应低于1.0m。

（2）有跌落危险处的护栏垂直杆件间净距不应大于0.12m，不宜采用横线条护栏。

（3）人行护栏的设置密度和长度应根据功能需求和环境条件确定。

（4）人行护栏宜采用镀锌钢材、铸铁等坚固耐用材料。

（5）人行护栏禁止张贴广告。

（6）路口转弯处路侧护栏应满足安全视距要求。

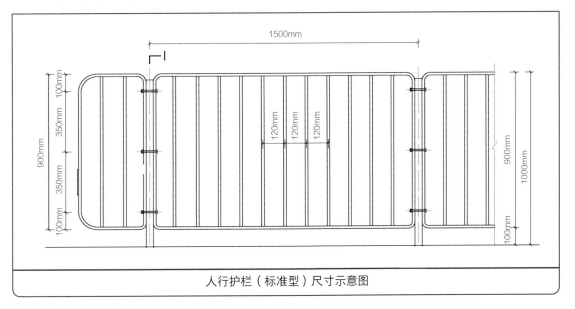

人行护栏（标准型）尺寸示意图

3. 造型和色彩

（1）人行护栏的样式应与整体道路环境相协调，根据深圳地方规范，宜优先选用港式护栏或德式护栏。

（2）人行护栏宜以材料原色、灰色、黑灰色为主，使用其他色彩时应与街景风貌相协调。

德式护栏

港式护栏

5.31.4 管养原则

1. 管养周期

主要道路每周一次，其他区域两周一次。

2. 管养内容

结合日常环卫进行清洗、维护；出现损坏、空缺、移位、歪倒时应及时进行更换。

5.32 防撞柱
Bollards

5.32.1 定义

防撞柱，又名挡车桩、挡车柱、护柱等，是为了防止车辆驶离车道，对人行道路面、街道设施和建筑物造成破坏，同时保护行人安全的防护设施。

5.32.2 依据与目标

1. 设计依据

《城市道路交通设施设计规范》（GB 50688—2011）
《深圳市工程建设标准——道路设计标准》（SJG 69—2020）

2. 设计目标

（1）更安全耐用：防撞柱表面应设置醒目的反光膜、警示灯等，防止车辆夜间误撞造成伤害。

（2）更美观复合：防撞柱应当坚固美观、干净整洁，宜与护栏、桥梁、道路、周围建筑风格协调一致，并且可以和景观灯、警示灯结合成为环境中的景观小品。

更安全耐用：设置反光膜

更美观复合：与环境协调

5.32.3 设计指引

1. 基本要求

（1）防撞柱宜设置于交叉路口缘石坡道、公交车站和地铁站出入口、交通安全岛、小区出入口、步行街路口、广场入口等位置。

（2）防撞柱设置必须满足交通管理要求，禁止车辆驶入人行道范围，且不得妨碍盲道等无障碍设施。

（3）人行横道较宽时，应设置防撞柱防止机动车进入或借道行驶，以保障行人安全。

（4）对于同一条道路应只采用一种形式的防撞柱。

（5）在夜间照明条件较差的区域，防撞柱表面设置反光膜或警示灯，避免行人及车辆误撞。

2. 要素布局

（1）防撞柱间距宜控制在 0.8—1.5m，防撞柱之间不宜用铁链或绳索相连，以免阻碍行人通行。

（2）防撞柱距离机动车道边缘不低于 25cm。

3. 尺寸和材料

（1）尺寸：防撞柱高度不应高于 40cm。

（2）材料：防撞柱可选用花岗岩、铸铁、不锈钢、镀锌钢、铝合金等坚固耐用的材料。

不锈钢防撞柱

铸铁防撞柱

4. 造型和色彩

（1）造型：防撞柱应以矮粗的、不宜损坏的圆柱形造型为主。慎用夸张艺术的造型，不仅可能带来安全隐患，而且易造成后期管养和维护成本高。

（2）色彩：防撞柱宜以材料原色、灰色、黑色为主。

5.32.4 管养原则

1. 管养周期

制订巡检计划，主要道路每周一次，其他区域两周一次。

2. 管养内容

防撞柱表面脏污或贴有小广告，应尽快将其清洗干净。防撞柱变形、弯曲倾斜或松动，应尽快加以修复或替换，并应保证样式、高度、尺寸一致，避免杂乱不一。反光带破损后应及时修复。

5.33 公交候车亭
Bus Shelter

5.33.1 定义

公交候车亭是与公交站台相配套的，为市民候车时提供遮阳、避雨、休憩等服务的公共交通设施。

5.33.2 依据与目标

1. 设计依据

《城市道路工程设计规范》（CJJ 37—2012）

《城市道路交通设施设计规范》（GB 50688—2011）

《城市道路公共交通站、场、厂工程设计规范》（CJJ/T 15—2011）

2. 设计目标

（1）更有序：设施集约设置，保障通行空间，避免阻碍人行道、盲道、自行车道等。

（2）更安全：设置防撞设施，保障候车人的安全。

（3）更协调：造型外观应与环境协调统一。

5.33.3 设计指引

1. 基本要求

（1）公交候车亭宜设有立柱、顶蓬，并宜设置座椅、靠架、垃圾箱等附属设施。

（2）公交候车亭主体及附属设施可与周边街道家具进行一体化设计。

（3）公交候车亭内应设置夜间照明装置，使其在夜间具有可识别性，但应避免对驾驶者造成眩光。

（4）公交候车亭整体宜通透美观、易于识别，且来车方向应留有良好视线，无封闭或遮挡。

（5）公交候车亭宜根据地域特色设计，并与周边环境相协调，考虑功能实用与美观结合。

2.尺寸和材料

（1）尺寸：公交候车亭高度不宜低于2.5m，长度宜为15—20m，顶棚宽度宜为1.5—2.0m，且与站台边线距离不宜小于0.25m。

（2）材料：公交候车亭应根据要求选用抗风压、防雨、耐低温、耐腐蚀、可阻燃的材料。

5.33.4 管养原则

1.管养周期

制订巡检保养计划，主要道路每两周一次，其他区域每季度一次。

2.管养内容

应保证公交候车亭功能完好，外观无涂写、张贴、悬挂、搭盖，保持环境卫生整洁，线路标志用字规范、字迹清晰。

5.33.5 未来趋势

智慧公交候车亭

智慧公交候车亭包含电子互动屏、电子站牌、视频监控系统、云广播系统、大气监测系统和太阳能供电系统。可以提供公交动态信息发布、便民援助服务终端、充电端口、免费 Wi-Fi 等服务。

公交站牌
Bus Station Sign

5.34.1 定义

公交站牌是设在公交站台向乘客提供乘车服务信息的指示牌。

5.34.2 依据与目标

1. 设计依据

《城市道路公共交通站、场、厂工程设计规范》（CJJ/T 15—2011）

2. 设计目标

更清晰：公交站牌应清晰地标明本站站名、经行线路、沿线各站站名、运行方向、运营时间等。

5.34.3 设计指引

（1）公交站牌的造型风格应简洁、大气，与公交候车亭和周边环境相协调。

（2）公交站牌组装应牢固可靠，并满足站牌信息更换的需求。

5.34.4 未来趋势

智能公交站牌

智能公交站牌采用卫星定位导航技术，并结合智能传感器，为乘客提供实时准确的公交车到站预报。

智能公交站牌及尺寸示意

5.35 自行车停车设施
Bicycle Parking

5.35.1 定义

自行车停车设施是自行车停放区内设施的总称，包括停车位标线、停放标志、停车架等。

5.35.2 依据与目标

1. 设计依据

《城市道路交通设施设计规范》（GB 50688—2011）

《城市道路交通标志和标线设置规范》（GB 51038—2015）

《深圳市工程建设标准——道路设计标准》（SJG 69—2020）

《深圳市自行车停放区（路侧带）设置指引（试行）》

2. 设计目标

（1）更便捷：应重点围绕地铁站、公交车站周边设置自行车停放设施，方便市民利用自行车短距离接驳公共交通。

（2）更灵活：自行车停放区可因地制宜，可利用机非隔离带、高架桥和人行天桥下等空间灵活设置。人行道空间条件有限时，将一定范围内的灌木绿化带拓展为停放区域。

更便捷：地铁站旁设置停放区

更灵活：利用绿化带设置停放区

5.35.3 设计指引

1. 基本要求

（1）自行车停车设施一般设置于公共交通站点、公园广场、商业、医院、学校等人流聚集场所附近，停车位数量应结合高峰日吸引车次总量、平均停放时间、用地空间规模等进行统筹考虑。

（2）自行车停车设施应与道路、交通组织和市容管理要求相适应，避免影响车辆、行人的正常通行，或其他市政设施、城市家具、道路绿化的正常使用。

（3）自行车停车设施的样式应与周边环境相协调，尽量避免采用立体停车架形式。

（4）自行车停车设施应易于发现和使用，并设置清晰、明确的停车场标志，引导市民正确停放。

2. 要素布局

（1）在城市道路的人行道、行道树树池之间、道路退线区域可设置自行车停放区，设在人行道上的自行车停放区，宜靠近自行车道外侧布置。

（2）宽度小于 3.5m 的路侧带不宜设置自行车停车设施，确需设置的应保证不小于 1.5m 的人行通道宽度，且应保证自行车车身放置不超过路缘石外沿。

3. 尺寸和材料

（1）单个自行车停车区长度不宜大于 20m，相邻多个停车区之间距离应不小于 4m。

（2）自行车停放区的标线应为闭合四边形，标线内漆画自行车图案。标线与图案的颜色应为白色，线条为 10cm 宽的实线。

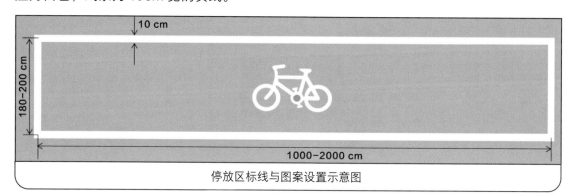

停放区标线与图案设置示意图

（图中标注：10 cm；180-200 cm；1000-2000 cm）

5.35.4 管养原则

1. 管养周期
制订巡检计划，主要道路每天一次，其他区域每周两次。

2. 管养内容
应定期对停车区画线进行管养，保证标线干净清晰，定期整治自行车停放秩序，保证停车整齐。

5.35.5 未来趋势

更多的停车区，更人性化的服务

| 日本地下自行车停车系统 |
日本设计了一种叫 ECO Cycle 的全自动化自行车存放系统，通常靠近大型交通枢纽站。取车非常方便快捷，取车时长最短 8 秒，平均 13 秒。地下停车库节约了大量的空间，对城市风貌的影响较小。

绿道标志设施
Greenway Signs

5.36.1 定义

绿道标志设施是绿道沿线起到指示方向、位置和距离，或解说、宣传、警示等作用的信息服务设施。

5.36.2 依据与目标

1. 设计依据

《珠三角绿道网标识系统设计》
《城市道路交通标志和标线设置规范》（GB 51038—2015）
《深圳市地方标准——绿道建设规范》（DB4403/T 19—2019）

2. 设计目标

（1）更统一：绿道标志设施应统一规范设置，内容准确、清晰、简洁。
（2）更协调：应与周边环境、街道风貌协调统一，还可与其他设施进行一体化打造。

5.36.3 设计指引

1. 基本要求

（1）绿道标志设施上应包含绿道名称、类型、长度、驿站、重要节点、交通接驳等信息。
（2）绿道标志设施可包括指示牌、信息墙等，应选用坚固耐用、生态环保、易维护的材料。
（3）绿道标志设施应结合本地自然、文化和民俗风情等特色，且应明显区别于城市道路交通标志。

2. 要素布局

（1）绿道标志设施宜设置在绿道出入口、驿站、交叉口、重要交通接驳点等人流聚集的位置，自然、人文景点沿线，以及存在安全隐患的路段。
（2）宜在需要重要指示的信息源（目的地）以及服务设施 1km 范围内，以 200—500m 间距提前设置标志设施。
（3）宜在道路交叉口设置指示游览方向的标志设施。
（4）宜根据地方自然资源、人文特色景点设置用于宣传、展示、科普教育的标志设施。

（5）绿道标志设施设置应以不占用绿道路面为原则，宜设置在使用者行进方向道路右侧或绿道隔离带内，便于使用者查阅。设置位置距路缘石 20—150cm，视绿道类型与现场条件设置。

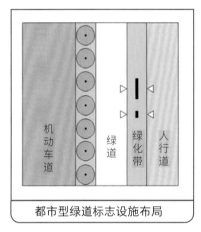

都市型绿道标志设施布局

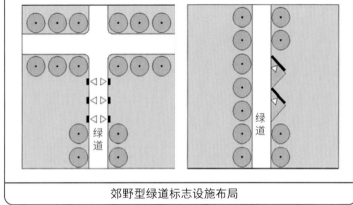

郊野型绿道标志设施布局

5.36.4 管养原则

（1）应委托专业的维护队伍，建立日常的巡查制度，根据实际情况，经常清洗以保持清洁。每两个月开展一次检查、维修，并对标志设施的使用状况记录在案，建立和完善养护技术档案。

（2）应设置专业管理部门对标志系统进行管理，负责对信息源的整理、申报、审批和标志系统的编号、养护、更换、维修等工作。每年进行一次信息收集与整理，并及时对信息源出现变更的标志设施进行更换。

5.37 步行者导向牌
Walking Guide Signs

5.37.1 定义

步行者导向牌是能够指引以步行为主的使用者到达各目的地的导向设施，主要包括指引目的地所在方向和距离的路线导向牌，以及指引目的地位置、辅助辨认到达路径和方式的地图导向牌。

5.37.2 依据与目标

1. 设计依据

《公共信息导向系统 设置原则与要求 第 10 部分：街区》（GB/T 15566.10—2009）
《城市道路交通设施设计规范》（GB 50688—2011）

2. 设计目标

（1）更统一：步行者导向牌应进行统一设计，通过造型和指引形式、内容的统一，方便人们辨别和使用。

（2）更协调：步行者导向牌的造型和风格应与其他城市家具和周边环境风貌相协调。

更统一：导向牌统一设计

更协调：与其他城市家具相协调

5.37.3 设计指引

1. 基本要求

（1）步行者导向牌必须具有良好的可视性，避免遮挡，须保持标志面的清晰、整洁。

（2）步行者导向牌信息必须明确、完整、易懂，以保障行人通行的连续性和安全性。应反映 1km 范围内的人行过街设施、公共设施、大型办公和居住区的行进方向或位置。

（3）步行者导向牌可结合周边环境进行艺术化设置，但要易于辨认。

2. 要素布局

（1）步行者导向牌应设置在公共设施带内，距离路缘石宜大于 450mm，且不应占用人行空间。

（2）步行者导向牌应考虑区域的服务半径和接续关系，从出发地至指引目的地各层级的导向牌应紧密衔接，通常宜在每 5—10 分钟步程（300—500m）内设置一个，确保方向和位置信息准确。

（3）步行者导向牌宜设置在商业街、大型场馆等步行目的地众多的区域，以及地铁站、公交车站等人流集散、换乘的地点。

3. 尺寸和材料

（1）尺寸：步行者导向牌高度不宜大于 2.2m，且应保证边缘平滑，防止对行人造成伤害。

（2）材料：步行者导向牌应选用耐腐蚀、抗冲击、耐老化性能良好的材料，若采用金属材料，还应做好防锈处理，且同一块导向牌的材料应具有相容性，不易互相产生化学反应。

5.37.4 管养原则

1. 管养周期

制订巡检计划，主要道路每天一次，其他区域每周两次。

2. 管养内容

应保证设施布局合理、功能保持完好、外观整洁、牌面字迹清晰、无污渍、无遮挡。

5.37.5 未来趋势

智能导向牌

运用现代科技的互动式触摸屏，可提供地铁线网信息、公交车线路信息、主要建筑物和场所的相关信息。多设置于人流密集区域和各类交通的换乘枢纽，便于出行者对行程做出具体详细的规划。

5.38 人行道铺装
Pavement

5.38.1 定义

人行道铺装是运用硬质材料、按照一定形式或规律对人行道路面的铺砌、装饰。

5.38.2 依据与目标

1. 设计依据

《城镇道路路面设计规范》（CJJ 169—2012）

《城镇道路工程施工与质量验收规范》（CJJ 1—2008）》

《城市道路工程设计规范》（CJJ 37—2012）

《深圳市工程建设标准——道路设计标准》（SJG 69—2020）

2. 设计目标

（1）更友好：人行道铺装应满足无障碍、全龄友好、高跟鞋友好等人性化需求。

（2）更美观：人行道铺装应满足街道整体美观性的需求。

（3）更协调：人行道铺装应与周边建筑和城市景观风貌相协调。

5.38.3 设计指引

1. 基本要求

（1）人行道铺装表面应平整、坚实、防滑，接缝布置应均匀、规整。

（2）人行道铺装宜与区域内其他城市家具进行系统设计，铺装色彩、造型和尺寸等应与周边环境相协调。

（3）根据城市管理的需要，可在路面增设铺装标线、彩色铺装等，以表达规定、提示、指引、禁止等信息。

（4）人行道铺装应在材料选用、铺砌形式、施工等方面因地制宜、严格把控，方便日后管理和维护修缮。

（5）人行道上面积大于 0.09 ㎡的市政管道检查井盖，其表面宜进行铺装，并与人行道铺装保持一致。

2.尺寸和材料

（1）尺寸：常用尺寸有 600mm×300mm、300mm×300mm、300mm×150mm、150mm×150mm。在铺设过程中，应最大程度地减少板材的二次切割，同时避免剩余的板材长度小于 100mm。

（2）材料：人行道铺装宜采用环保材料，常用材料包括混凝土、天然石材、沥青等。除软土、滑坡灾害、水源保护区等特殊地区外，一般地区宜进行透水性设计，可采用透水砖铺设或现浇透水混凝土等。

| 花岗岩人行道铺装 | 混凝土人行道铺装 | 沥青人行道铺装 |

3. 造型和色彩

（1）造型：在保证整体景观效果的前提下，铺砌形式可根据铺设位置和周边环境的不同进行灵活设计。

（2）色彩：人行道铺装的主色调应以偏冷和中性的灰色系、偏暖的黄色系为主。应避免使用饱和度、明度过高的色彩。与地标性广场、建筑前入口空间等特殊区域衔接时，铺装色差不宜过大。

5.38.4 管养原则

1. 管养周期

制订巡检计划，主要道路每年两次，其他区域每年一次。

2. 管养内容

应保证人行道铺装稳固、无撬动，表面平整，缝线直顺，无翘边、翘角、反坡、积水、空鼓等现象。

5.39 盲道
Blind Track

5.39.1 定义

盲道是在人行道或其他场所铺设的一种固定形态的地面砖，是使视觉障碍者产生盲杖触觉和脚感，引导其行走方向的一种道路设施。一般分为行进盲道和提示盲道两类。

5.39.2 依据与目标

1. 设计依据

《无障碍设计规范》（GB 50763—2012）
《城市道路：无障碍设计》（15MR501）
《深圳市工程建设标准——道路设计标准》（SJG 69—2020）

2. 设计目标

（1）更友好：在保证视觉障碍者足够安全的前提下，减少有行走障碍、推婴儿车、携带大件行李者的不便。
（2）更协调：应与周边建筑出入口、人行天桥、地道出入口、公交车站等地方布置的盲道相衔接。

5.39.3 设计指引

1. 基本要求

（1）盲道铺设应连续、顺直，避开树木（穴）、电线杆、拉线等障碍物，且其他设施不得占用盲道。盲道范围内的检查井盖，其表面应采用盲道铺砌。
（2）盲道表面应防滑。
（3）盲道的颜色宜与相邻的人行道铺面的颜色形成对比，并与周围景观相协调。

2. 要素布局

（1）行进盲道应与人行道走向一致；提示盲道应设置于行进盲道起点、终点和拐弯处。
（2）人行道旁有围墙、花坛或绿化带时，行进盲道宜设在距围墙、花坛、绿化带边缘250—500mm 处。
（3）人行道没有树池时，若行进盲道与路缘石上沿在同一水平面，距路缘石不应小于500mm；若行进盲道比路缘石上沿低，距路缘石不应小于 250mm；盲道应避开非机动车停放位置。

（4）人行道中有台阶、坡道和灯杆、检查井等障碍物时，在相距 250—500mm 处，应设提示盲道。

（5）在距人行天桥及地下通道等出入口 250—500mm 处应设提示盲道，长度应与出入口宽度相同。

3. 尺寸和材料

（1）尺寸：行进盲道宽度宜为 250—500mm，当行进盲道的宽度不大于 300mm 时，提示盲道的宽度应大于行进盲道的宽度；盲道纹路宜凸出路面 4mm 高。

（2）材料：盲道材料宜选用成本低、易于预制、耐磨损、耐老化的材料，一般采用混凝土或天然石材。不锈钢钉、条或高分子材料盲道在特殊情形下可考虑使用，如重要商业区或对景观需求较高的道路。

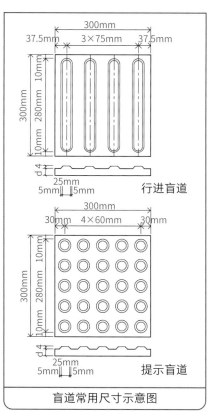

盲道常用尺寸示意图

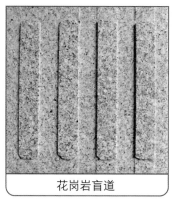

花岗岩盲道

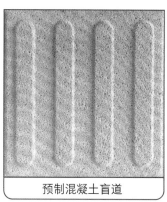

预制混凝土盲道

不锈钢盲道条

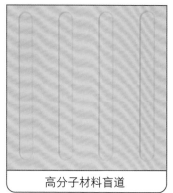

高分子材料盲道

5.39.4 管养原则

1. 管养周期

制订巡检计划，主要道路每年两次，其他区域每年一次。

2. 管养内容

保证盲道连续，通道上无障碍物，表面平整、稳固、无破损。

540 缘石坡道
Curb Ramp

5.40.1 定义

缘石坡道是位于人行道口或人行横道两端，避免人行道路缘石高差带来通行障碍，并方便行人进入人行道的一种坡道，包括单面坡缘石坡道、三面坡缘石坡道等类型。

5.40.2 依据与目标

1. 设计依据

《无障碍设计规范》（GB 50763—2012）

《城市道路工程设计规范》（CJJ 37—2012）

《城镇道路工程施工与质量验收规范》（CJJ 1—2008）

《深圳市工程建设标准——道路设计标准》（SJG 69—2020）

2. 设计目标

（1）更安全：缘石坡道应平整、清洁、防滑。

（2）更协调：同一道路工程的缘石坡道应在材料、造型、风格上协调统一。

5.40.3 设计指引

1. 基本要求

（1）在交叉口、街坊路口、单位出入口、广场出入口、人行横道及桥梁、隧道、立体交叉范围等行人通行空间，通行线路存在缘石高差的地方，必须设缘石坡道，以方便残障人士及其他有需求的人士使用。

（2）缘石坡道应符合无障碍设施设计的要求，做到坡度舒适、衔接平缓，单面坡缘石坡道的坡度不应大于1:20，其他形式的缘石坡道的坡度不应大于1:12。

（3）缘石坡道顶端应与人行道路面齐平，底端与机动车道齐平。当有高差时，其高出车行道地面的部分不应大于10mm。

（4）缘石坡道宽度应与人行道宽度相同，坡口宽度不应小于1.2m。

2. 材料

缘石坡道应选用摩擦系数大、抗污性强、透水性好的材料，应根据功能和人流量选用合适的缘石坡道材料，增强耐久性和可维护性，一般采用花岗岩、混凝土、PC 砖等。

花岗岩

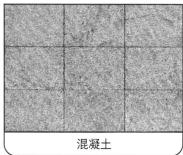

混凝土

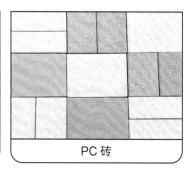

PC 砖

5.40.4 管养原则

1. 管养周期

制订巡检计划，主要道路每年两次，其他区域每年一次。

2. 管养内容

保证缘石完好，表面平整、无破损、无污渍，缘石坡道连续、通道上无障碍；应保持整洁、定期冲洗，减少扬尘和污渍。

6

家具组合设计
Furniture Combination Design

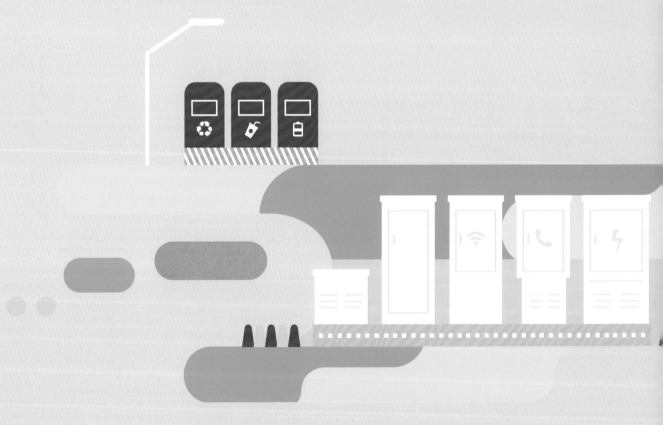

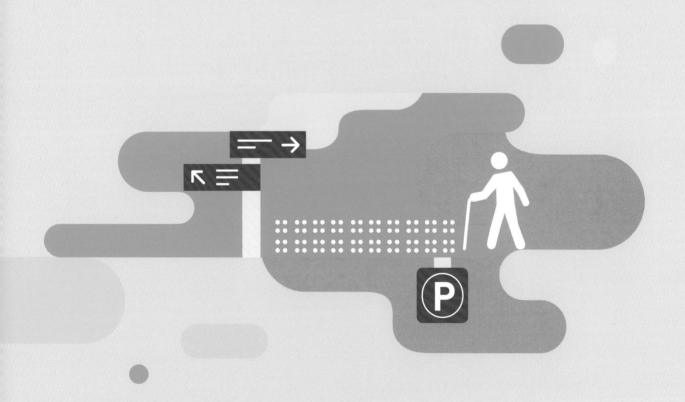

家具组合模块说明
Furniture Combination Module

1. 指引目的

"家具组合模块"体现了各单体家具要素之间存在的系统性和协调性特征。本章节将组合模块分为核心要素主导型和要素整合型两大类，提出了 5 种最常见的"家具组合模块"，对每个组合模块提出了技术指引，旨在解决单体家具之间在设计、建设和管养层面协调性不足的问题。

2. 选取原则

本章内容从问题导向出发，结合在龙岗区的实地调研，选取了 5 种城市家具组合模块。组合模块选取的主要原则包括以下两点：

（1）核心要素主导型：这一类家具组合模块中，各单体家具要素之间存在相互关系，且临近配置。组合内有一个或一类核心设施扮演主导角色，其他扩展设施扮演协调角色。

（2）要素整合型：这一类家具组合模块中，各单体家具要素具有相同或相似的构件，可进行归并和整合。组合模块中通常有一个整合的主要承载设施。

3. 家具组合模块释义

分类	序号	配置方式	配置内容
核心要素主导型	1	顺畅通行模块	顺畅通行模块是以有效的人行和骑行通行空间为核心载体的家具组合类型
	2	座椅休憩模块	座椅休憩模块是以休憩座椅为核心载体的家具组合类型
	3	宣传展示模块	宣传展示模块是以宣传栏为核心载体的家具组合类型
要素整合型	4	多杆合一模块	多杆合一指的是将街区界面上的各类交通设施杆件、市政设施杆件以及信息服务牌等，以立地条件、杆件结构特性为依据进行分类整合
	5	多箱协调模块	多箱协调是指将街道空间范围内的各类通信、广电、交通、监控等弱电箱体进行整合设置。形式上可分为多箱归并和多箱集中

6.1 顺畅通行模块
Traffic and Passage

6.1.1 模块特征

1. 空间特征

人行道不仅承载步行交通功能，还为市民的社会交往活动提供了空间。

2. 模块构成

核心载体	有效通行宽度（人行道铺装、盲道、无障碍坡道）
扩展设施	市政箱体、花箱花钵、消火栓、各类杆体、防撞柱、铁马、水马、报刊亭、岗亭、自行车停车设施、公共座椅、宣传栏、艺术小品、公共雕塑

6.1.2 设计目标

（1）安全性：应优先保障人行道的有效通行宽度，满足行人顺畅通行。

福田区红荔路

（2）连续性：应保障人行道有效宽度内的连续通畅，不应被其他城市家具所打断。

新加坡乌节路

（3）舒适性：人行空间应和街道类型相适应，保障通行空间的舒适度。

福田区福华一路

6.1.3 模块现状

现状问题

侵占现象严重： 人行道上各类城市家具侵占通行空间。

功能划定不清： 人行道上施划非机动车停车位。

基础功能缺失： 未考虑人行道设计，人车混行存在安全隐患。

6.1.4 模块提升

（1）通行便捷：应在有条件的情况下，将各类城市家具设置于结合绿化带设计的公共设施带内。若实在难以保证所有城市家具进入设施带，也应尽可能地保证人行道的基本通行宽度（最小值2m）。

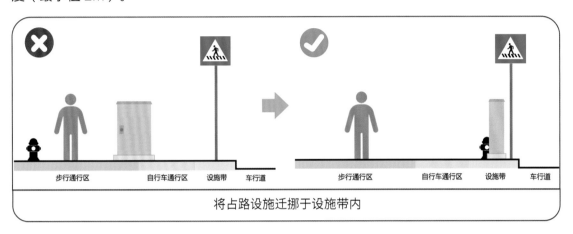

将占路设施迁挪于设施带内

（2）空间协调：禁止在人行道和自行车道上施划机动车停放区，且公共座椅等街道附属设施的布设应保证行人和自行车的基本通行宽度。一般情况下应该考虑将公共服务设施集中设置在公共设施带。

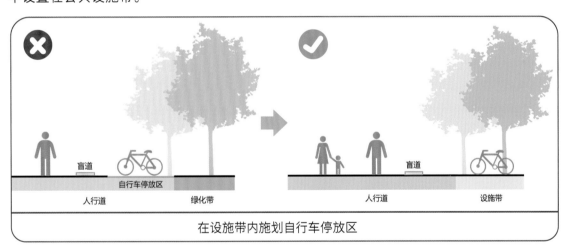

在设施带内施划自行车停放区

（3）功能完善：道路应同时考虑人行和车行的需求，设置尺度适宜的人行道以及人行护栏。同时，各类型道路人行道必须配置无障碍设施，包括盲道和无障碍坡道。

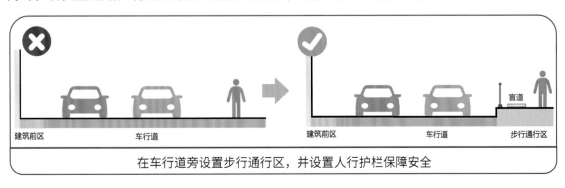

在车行道旁设置步行通行区，并设置人行护栏保障安全

6.2 座椅休憩模块
Seat and Rest

6.2.1 模块特征

1. 空间特征

座椅的设置具有一定的功能性、舒适性与环境适应性。座椅一般设置在有休憩需求的位置，为人们提供休息、阅读、下棋、晒太阳、交谈等的功能空间。

2. 模块构成

核心载体	公共座椅
扩展设施	花箱花钵、树池树篦、自行车停车设施、环卫工具箱、垃圾箱、景观灯

6.2.2 设计依据

《城市道路公共服务设施设置与管理规范》（DB11/T 500—2016）

6.2.3 设计目标

（1）一体化：公共座椅可根据使用需求，与树池、花钵组合设计，尽可能地利用树池、植坛边兼作座椅。有时也可以与景观灯和自行车停车设施组合设计。

座椅与花箱结合

座椅与绿化带结合

座椅与遮阳棚结合

座椅与树池结合

（2）人性化：公共座椅的设置位置和场地条件等应多考虑行人需求。

公共座椅下方做硬化处理，增加休憩舒适性

石材座椅布置在树荫下，避免夏日暴晒

6.2.4 模块现状

要素组合不当：公共座椅组合要素过多，造成空间拥挤。

空间协调不足：植物枝下高过低造成座椅休憩空间不舒适。

6.2.5 模块提升

（1）以人为本：应结合使用者行为规律和使用需求，整合分散的公共座椅，并与花箱花钵等附属设施组合设置，优化提升座椅休憩模块，使得休憩空间在满足人的使用需求的基础上更加舒适。

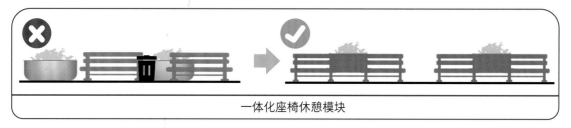

一体化座椅休憩模块

（2）空间舒适：座椅应结合公共设施带或靠近道路红线一侧设置；于公共设施带内设置的座椅应距离路缘 1m 以上，靠近道路红线一侧设置的座椅应距离路缘 2m 以上。人行道宽度在 5m 以下时，座椅应充分考虑人行道和路外绿地、行道树、建筑退界空间的结合；保证座椅不被其他设施遮挡，休憩空间舒适。

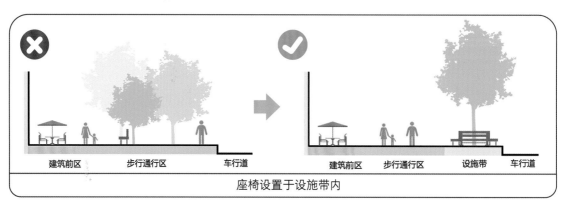

| 建筑前区 | 步行通行区 | 车行道 | 建筑前区 | 步行通行区 | 设施带 | 车行道 |

座椅设置于设施带内

宣传展示模块
Display and Publicity

6.3.1 模块特征

1. 空间特征

宣传栏、标语牌等宣传展示设施一般设置在交叉路口等显眼位置，有时多个宣传栏及标语牌并列设置，或与其他设施组合设置。

2. 模块构成

核心载体	宣传栏、标语牌
扩展设施	花箱花钵、风雨连廊、公共座椅、垃圾桶、艺术小品、公共雕塑、自行车停车设施、路灯、景观灯、围墙、围挡

6.3.2 设计依据

《公共信息导向系统导向要素的设计原则与要求》（GB/T 20501.1—2013）
《城市道路交通设施设计规范》（GB 50688—2011）

6.3.3 设计目标

（1）便捷性：宣传栏应设置在醒目的位置，且不被其他设施遮挡，方便行人浏览、阅读。
（2）协调性：宣传栏的样式、内容应与周围环境、景观相协调；宣传栏应与人行空间和非机动车停放区相协调，不影响通行。

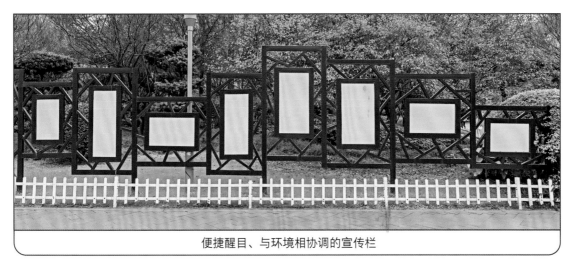

便捷醒目、与环境相协调的宣传栏

6.3.4 模块现状

要素组合不当：宣传栏前设有座椅、垃圾箱等设施，妨碍正常阅读。

空间协调不足：在人行道较窄处设置宣传栏，导致阅读、通行、非机动车停放等产生冲突。

6.3.5 模块提升

（1）阅读舒适：宣传栏前不应设置其他设施，若需组合设计应将公共座椅等设施布置于宣传栏旁侧；宣传栏宜设置遮阳（雨）棚，提供舒适的阅读环境。

防止其他设施阻挡宣传栏，保障阅读舒适

（2）要素协调：宣传栏应与其他设施的布局相协调，与盲道、行人通行空间及非机动车停放区保持一定的间距，避免使用冲突。宽度在 2.5m 以下的人行道及人流量大的区域不得设置宣传栏。

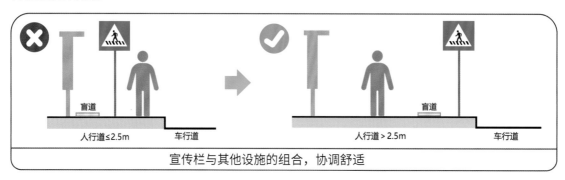

宣传栏与其他设施的组合，协调舒适

多杆合一模块
Multi-purpose Pole

6.4.1 模块特征

1. 空间特征

在满足行业标准、功能要求、安全性的前提下，各类杆体一般布设在路口、公共设施带、路边绿化带内。

2. 模块构成

通过对各种杆牌分类归纳，可将杆牌分为主要杆体和承载设施两类，其中主要杆体有 3 类，承载设施有 6 类，多杆合一是在原则上将承载设施合并到主要杆体上，不再单独设置。

1）主要杆体

路灯杆	机动车路灯杆、人行道路灯杆
交通设施杆	独立式交通杆、门架式交通杆、悬臂式交通杆
信息牌杆	广告发布牌、智能电子信息牌

2）承载设施

信号灯	机动车信号灯、行人过街信号灯
监控探头	交通监控、治安监控
交通标志	警告标志、禁止标志、指示标志、限速标志
行人导向	路名牌、地铁指示牌、公厕指示牌、景点指示牌、场站导向牌
信息发布	LED 信息公告牌、宣传板（幅）
其他	绿道标志牌、危险提示牌

6.4.2 设计依据

《城市道路交通标志和标线设置规范》（GB 51038—2015）

《道路交通信号灯》（GB 14887—2011）

《城市道路交通设施设计规范》（GB 50688—2011）

《道路交通管理设施设置技术标准（征求意见稿）》

《城市道路照明设计标准》（CJJ 45—2015）

6.4.3 设计目标

（1）集约化：对各类设施杆体进行归并整合，以减少街道上立杆的数量，减少空间阻隔和视线遮蔽，有效提高街区资源利用率并优化空间秩序。

（2）更便捷：将功能相关的设施整合设计，从视觉上增加可识别性，在使用上提高便捷度，有利于形成有序的城市景观，更加方便市民使用城市空间。

深圳市福田区多杆合一

上海市黄浦区多杆合一

6.4.4 模块现状

现状问题

立杆数量过多： 杆体不精简，造成空间拥挤；相同标志牌重复设置。

位置设置不当： 杆体占用人行道通行空间；标志牌被行道树遮挡。

6.4.5 模块提升

1. 设计要求

（1）杆件整合前应对道路上的杆件进行梳理，取消不必要的杆件。

（2）采用分类归并的合杆做法，应将服务车行和服务人行的标志和设施分别整合。

（3）在满足行业标准、功能要求、安全性能的前提下，按"保留大型道路设施杆件、整合小型道路设施杆件"的原则进行整合。

（4）应整合现状路灯杆方圆5m内的小型交通设施（一般为柱式）；整合5m以外的大型交通设施时，应将路灯移至大型交通设施（一般为悬臂式、门架式）上。

（5）新建街道路灯杆与交通设施杆件应整合设置，以减少街道上立杆的数量，保持街面整洁。现状道路既有道路灯杆与小型交通设施杆应整合。

（6）合杆设施的版面、设备不得侵入道路建筑界限，且应避免被树木、桥墩、柱子等物体遮挡，影响视线。

（7）合杆后标牌或承载设施下缘应高出地面2.5m。

（8）单个杆件上标牌或承载设施数量不宜超过4个。

（9）杆件整合采用分层设置原则，设备按设置高度可分为4个等级，如图所示。

第四层
高度 8—12m
适用设备：照明灯具，4G/5G 物联
网基站天线等设备

第三层
高度 5.5—8m
适用设备：机动车信号灯、监控设备、
道路指示牌、小型标志牌等设施

第二层
高度 2.5—5.5m
适用设备：路名牌、小型标志牌、
行人信号灯等设施

第一层
高度 0.5—2.5m
适用设备：检修门及其舱内设备等设施

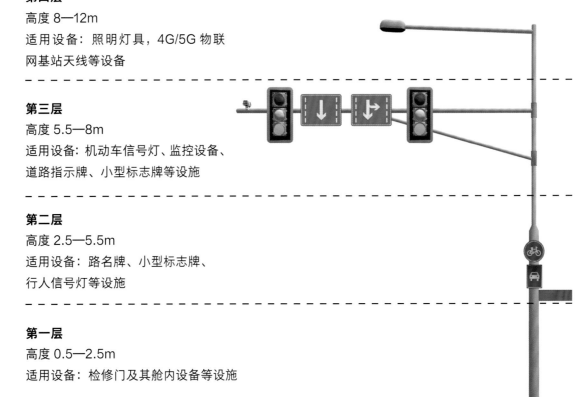

2. 模块示例

| 路灯杆合杆 |

模块内容

以路灯杆为平台的多杆合一设施，承载交通标志、信号灯、监控设施等。

适用范围

主要街区范围内交通环境较为复杂的交叉路口。

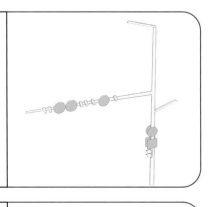

| 交通设施杆合杆 |

模块内容

以交通杆（柱式、悬臂式、门架式）为平台的多杆合一设施，承载路名牌、步行导向标志以及智能服务设施。

适用范围

主要街区范围内的路口及开放空间。

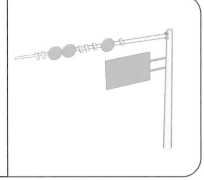

| 信息牌合杆 |

模块内容

以信息牌为平台的多杆合一设施，承载交通标志、步行导向标志以及信息发布系统、智能服务设施。

适用范围

火车站、地铁站等综合交通枢纽，或人流量较大的城市客厅等。

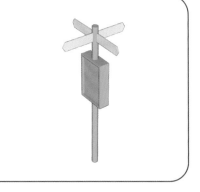

6.4.6 未来趋势

智慧灯杆

2022 年，深圳市政务服务数据管理局联合深圳市发展和改革委员会发布了《深圳市数字政府和智慧城市"十四五"发展规划》并指出，要推广智能充电桩、智能灯杆等生活"新基建"，丰富数字生活体验。智慧灯杆在传统照明功能灯杆基础上，集成智慧照明、环境检测、城市 Wi-Fi 覆盖、视频监控、充电桩、LED 信息发布屏、一键报警、4G/5G 基站等多种功能，是新一代智慧城市信息基础设施。

6.5 多箱协调模块
Case Coordination

6.5.1 模块特征

1. 空间特征

各类箱体一般布设在公共设施带、路边绿化带内，不应布设于交叉路口、居住小区和商业设施等进出口处，避免影响视线和交通。

2. 模块构成

电信箱	通信箱、广电箱
电力箱	配电箱、环网柜、箱式变压器
其他	交通控制箱、路灯箱

6.5.2 设计依据

《深圳市通讯类弱电箱体统一规范设置工作方案》

6.5.3 设计目标

（1）更协调：同路段各类箱体及保护罩的色彩与样式应统一，且与周边道路及景观相协调。
（2）集约化：本着集约设置的原则，将箱体进行小型化、归并式、集中式的设计。

更协调：同景观型道路风貌相协调

集约化：多箱共用底座，归并设置

6.5.4 模块现状

颜色样式各异：箱体表面破损、污浊，颜色样式不统一。

位置设置不当：在人行道较窄的空间或人行道中间设置箱体，影响道路交通。

6.5.5 模块提升

1. 设计要求

原则上不应在人行道上设置电力箱。如因特殊情况必须在人行道上设置的，应至少保证有2m以上的人行道宽度，确保行人通行顺畅。

2. 设计要点

（1）数量精简：箱体在满足使用功能的前提下，控制在最少数量，多箱集中设置或多箱归并，通过有机整合缩减箱体数量和体量，减少对城市道路空间的占用。

（2）样式协调：箱体外观、样式协调统一，且应与周围环境相融合。

（3）位置合理：箱体应设置在公共绿地及公共设施带内，不得阻碍行人通行。

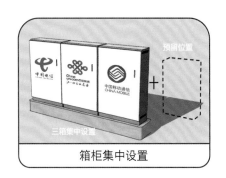

箱柜集中设置

6.5.6 未来趋势

（1）埋地式箱体：为高效利用城市空间资源、节省地面以上公共空间、减少视线阻隔，形成城市完整的街区风貌，在完善箱体防水防潮以及其他安全措施，并保障箱体正常使用的前提下，可采用埋地式箱体。其设置位置也可拓展至人行道下方。

（2）智慧箱体：考虑配合智慧城市的建设，在多箱上增设 Wi-Fi 功能。

7

典型空间设计
Typical Space Design

典型空间说明
Typical Space

1. 指引目的

"典型空间设计"从"面向车"转为"面向人"，体现以人为本、人车共享的理念，认识到每一种典型空间都应该有相应的功能和特点，找到空间设计层面的平衡点。本章创造性地给出了5种典型空间的技术指引，旨在营造出精致的节点空间场景，满足人们对美好生活环境的向往。

2. 选取原则

结合对深圳市龙岗区的调研和经验判断，本章选取了5种典型空间。典型空间选取的主要原则均满足以下两点：

（1）能够集中反映龙岗区现存空间设计痛点，空间类型具有代表性。

（2）除了能反映街道设计"需求金字塔"初级阶段的需求层次外，还应反映一定中高级阶段的需求，具有复合性、系统性的特征。各类场所的出入口空间和特定道路交叉口空间一般能够给人留下更深刻的城市印象，同时特殊群体在这些空间的需求也更为集中。

街道设计"需求金字塔"

高级阶段
特殊群体需求
形象个性需求
中级阶段
活力场所需求
功能完善需求
初级阶段
安全卫生需求

3. 典型空间释义

序号	空间名称	空间释义
1	公交站等候空间	公交站等候空间是指车行道中供公交车辆行驶和停靠、乘客上下车和等候的区域。
2	地铁出入口空间	地铁出入口空间是指地铁车站露出地面的建筑物或构筑物，以及周边供地铁乘客上下通行和使用的区域。
3	学校出入口空间	学校出入口空间是指满足师生日常通勤的校园开口，是从道路到学校大门建筑后退所形成的连续或片段的退缩空间。
4	工厂出入口空间	工厂出入口空间是指满足工厂员工日常通勤的厂区或产业园开口，是从道路到工厂大门建筑后退所形成的连续或片段的退缩空间。
5	道路交叉口空间	道路交叉口空间是指道路与道路相交的区域，包括各道路的相交部分以及其进出口路段，是街道空间中的重要部分。

7.1 公交站等候空间
Bus Station

7.1.1 典型特征

1. 空间特征

公交站台沿街布置，主要考虑安全停靠、便捷通行、方便乘车等需求，常设置于住宅区、商业文化中心、办公区、体育场馆、轨道站点及交通枢纽等出行产生点、吸引点。

2. 活动特征

人群类型：乘客、行人。

活动时间：深圳公交运营时间：6:00—22:00，上下班高峰期人流量较大。

活动类型：乘客候车、上下车，行人通行、避雨。

3. 主要设施

基本型设施	扩展型设施	品质提升型设施
公交候车亭、公交站牌、人行道铺装、盲道、缘石坡道	垃圾箱、公共座椅、路灯、自行车停车设施、人行护栏、防撞柱	风雨连廊、花箱花钵、树池树箅

7.1.2 设计依据

《城市道路交通设施设计规范》（GB 50688—2011）

《城市道路公共交通站、场、厂工程设计规范》（CJJ/T 15—2011）

《深圳市城市规划标准与准则（2017年局部修订稿）》

7.1.3 设计目标

（1）安全性：设置防护设施，保障候车人的安全。

透明站亭避免人车冲撞

防撞柱结合公交站设置

（2）协调性：协调人行道、盲道、自行车道等。

（3）一体化：公交站台同其他设施一体化设计。

协调性：协调人行道及自行车道空间

一体化：一体式公交站台

7.1.4 空间现状

问题1： 树池设置不当，妨碍候车和通行。

问题2： 防撞柱设置不当，未起到安全防护作用，且妨碍候车和通行。

问题3： 盲道距离站台过近，且步行和骑行空间过窄。

问题4： 公交站缺少休息设施，且位置设置不当，侵占了非机动车通行空间。

7.1.5 空间重塑

1. 空间要求

（1）人行道上设置公交站的，应保证至少 1.5m 的行人通行带，最宜为 2.4—3.7m。

（2）乘客停留空间和人行空间之间应确保有 0.5m 的缓冲空间。

（3）公交候车亭和公交站牌禁止侵占自行车通行空间。

2. 设施要求

（1）公交站等候空间应充分考虑盲道、缘石坡道等无障碍设施，无障碍设施的配置和设计应符合相关设计规范。

（2）公交站牌应设置在明显位置，鼓励结合 GPS 到站信息系统整合配置。站牌顶边距地面高度不得大于 2.2m，站牌底边距地面的距离不得小于 0.4m。

（3）公交站等候空间宜设置防撞柱，保障候车安全并引导乘客自觉排队。

（4）公交候车亭高度宜为 2.0—2.5m，不可阻挡候车者视线；遮檐宽度宜为 1.5—2.0m，不得突出于车道，影响车辆通行。

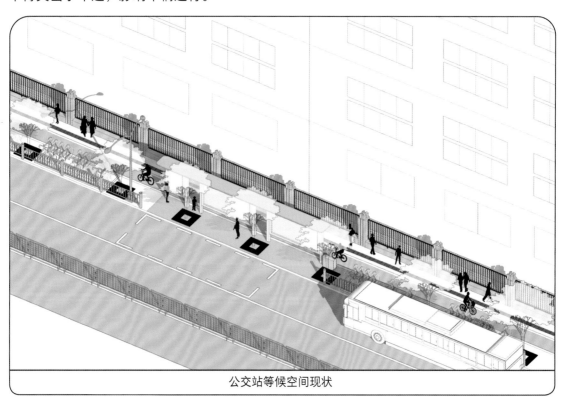

公交站等候空间现状

3. 设计要点

1）通行便捷

清理公交站台阻碍通行的设施，并将所需的公交站牌、公交候车亭、公共座椅等设施进行集约化设计，保证公交站设施不会阻碍行人正常通行。

2）安全防护

在公交站亭前设置人行护栏、防撞柱等防护设施，防止车辆冲撞误伤行人。同时"港湾式"公交站也是保障行人和车辆安全的一种新方式，"港湾式"公交站将城市道路旁的公交站台设计成弧形"向内凹"的形状，公交车进站停靠时不会影响其他车辆通行，既畅通了道路，也为乘客上下车提供了安全保障。

3）空间协调

注重公交站等候空间与人行道、盲道、自行车道、机动车道等要素的协调，防止站台周围的人行与非机动车通行空间过窄。

4）设施完善

公交站宜提供座椅和遮檐，作为候车人的短暂停留场所；同时公交车站应安装足够的照明设施或 LED 信息牌，以保证夜间站牌的可读性；未来还可设置智能监控、手机充电器、Wi-Fi 等多项功能，满足不同使用者的多种需求。

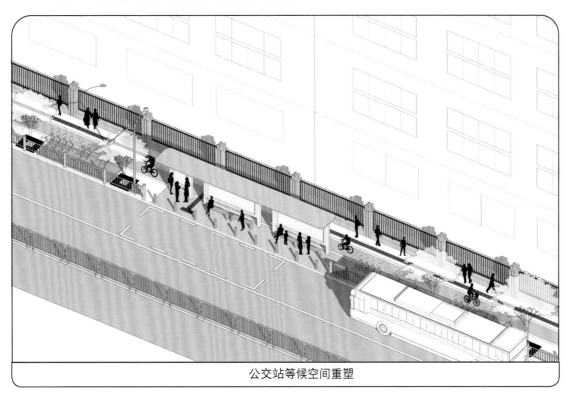

公交站等候空间重塑

7.2 地铁出入口空间
Subway Entrance

7.2.1 典型特征

1. 空间特征

（1）地铁口一般设置于道路外侧的绿化带中或与建筑进行一体化设计。

（2）地铁口一般设置集散空间，保证正常通行和安全疏散。

2. 活动特征

人群类型：上班族、周边居民、游客。

活动时间：深圳地铁运营时间：6:30—23:00，上下班高峰期人流量大。

活动类型：通行、换乘、休憩、骑车。

3. 主要设施

基本型设施	扩展型设施	品质提升型设施
人行道铺装、地铁指示牌、盲道、自行车停车设施	垃圾箱、公共座椅、路灯、景观灯	标语牌、艺术小品、花箱花钵、风雨连廊、公交候车亭、公交站牌

7.2.2 设计依据

《深圳市城市轨道交通运营管理办法》（深圳市人民政府令第 278 号）

《地铁设计规范》（GB 50157—2013）

7.2.3 设计目标

（1）集约化：设施集约设置，保证有足够的空间供行人通行。

福田香蜜北地铁站

石家庄建华城市广场北宋地铁站

（2）人性化：地铁出入口空间应具备无障碍设计，并设置清晰的标志系统与便捷的公共设施。

有休憩座椅的地铁出入口空间

有无障碍设计和标志系统的地铁站

（3）连续性：保证地铁口与盲道、自行车停车设施、公交站衔接的连续性。

地铁快速换乘公交站通道

连通公交站和地铁站的风雨连廊

7.2.4 空间现状

问题1：地铁出入口与人行道的连接性差，盲道不连贯，且周边车辆无序停放，使得基本通行宽度不足。

问题2：标志设计、无障碍设计不完善，部分地铁口缺少坡道及电梯。

问题3：地铁口与非机动车停放区及公交站点距离过远或者过近，交通接驳空间堵塞，布局混乱。

7.2.5 空间重塑

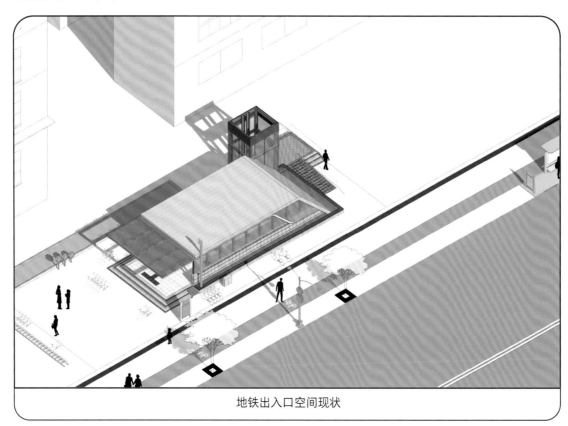

地铁出入口空间现状

1. 空间要求

（1）地铁出入口应与人行道紧密结合，连通顺畅，人行道和自行车道宽度合计不得小于3m。

（2）地铁出入口与附近非机动车停放区之间的距离以10—50m为宜，特殊情况下，可考虑将站前广场作为非机动车停放场地，且应明确划分出停放区。

（3）地铁出入口应尽量靠近公交站设置，距离以50—200m为宜，便于交通接驳且避免人流拥堵。

2. 设施要求

（1）地铁出入口必须设置盲道、轮椅坡道、扶手等无障碍设施。

（2）地铁出入口的铺装和地面标线必须清晰明确，铺装必须防滑、平整、连续。

（3）地铁出入口人流量较大的位置，必须限制附属设施种类，10m范围内只能设置路名牌、导引标志、照明设施等人行交通节点所必需的设施，阻碍出行的电箱、垃圾箱等设施应视情况移位或拆除。

（4）地铁出入口应配置足够的自行车停放场地，方便居民、上班族、游客等人群的便捷换乘需求，且地铁站域周边的自行车应做到有序停放。

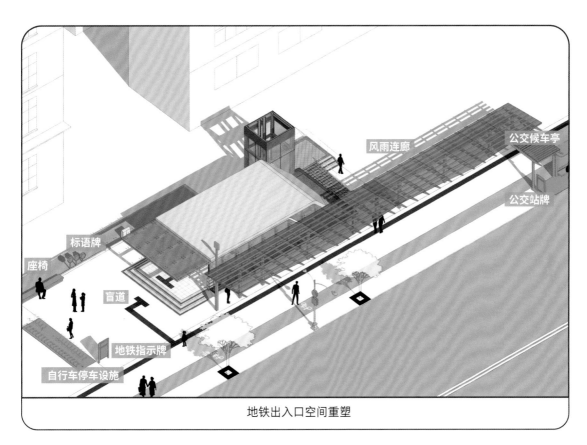

风雨连廊　公交候车亭　公交站牌　标语牌　座椅　盲道　地铁指示牌　自行车停车设施

地铁出入口空间重塑

3. 设计要点

1）通行便捷

清除人行道上阻碍通行的设施，并对部分设施进行集约化设置，如多杆合一、树池结合公共座椅设置等。合理施划非机动车停车区，做到有序停放，禁止非机动车随意占用人行空间。考虑双层或多层自行车架等集约化自行车停车系统，方便存取车辆，并节省地面空间。

2）设施完善

保证各地铁口均设置盲道、坡道、电梯等设施，为携带行李箱、推婴儿车的行人及残疾人提供便利，真正做到以人为本的无障碍设计。同时地铁口应增加照明设施，可与标志牌和花坛有机结合，保证空间安全性的同时提升空间品质。

3）接驳顺畅

综合考虑地铁口附近的交通接驳流线，合理设置交通引导标志，便于行人识别与便捷到达目的地。在地铁口附近合理安排非机动车停车区和公交站点，并利用风雨连廊相连接，为人们创建舒适便捷的接驳换乘空间。

7.3 学校出入口空间
School Entrance

7.3.1 典型特征

1. 空间特征

（1）学校出入口应与市政交通衔接，但不应直接与城市主干道连接。

（2）防护设施一般较为齐全，以保障学生过街、通行安全。

2. 活动特征

人群类型：附近居民、学生、家长。

活动时间：集中在周一至周五的上下学时段。

活动类型：学生出行、校车接送、家长等候、家长接送。

3. 主要设施

基本型设施	扩展型设施	品质提升型设施
人行道铺装、人行护栏、宣传栏、路灯、监控杆、防撞柱、交通标志牌	路名牌、公共座椅、自行车停车设施、交通监控杆、缘石坡道、垃圾箱、风雨连廊	宣传栏、景观灯、花箱花钵、公共雕塑、艺术小品、公交候车亭、公交站牌

7.3.2 设计依据

《中小学校设计规范》（GB 50099—2011）

7.3.3 设计目标

（1）安全性：排除通行障碍，为学生上下学提供方便。通过地面涂装和标志牌指示等手段，进行清晰的"学生优先"提示。

围合安全区域

安全标志牌

（2）趣味性：激活上下学街道空间活力，增添趣味景观小品和特色宣展，并结合彩绘围墙、地面涂鸦等形式增加趣味性。

百花二路照片墙

色彩明快的彩虹自行车道

（3）实用性：设置风雨连廊、公共座椅等设施，满足家长等候时遮阳避雨和休憩的需求。

校门口的风雨连廊

校门口的休憩娱乐空间

7.3.4 空间现状

问题1：人行道与非机动车道混杂

问题2：防撞柱位置设置不当

问题3：展示与休憩空间冲突

问题4：缺少合理的等候及休憩设施

7.3.5 空间重塑

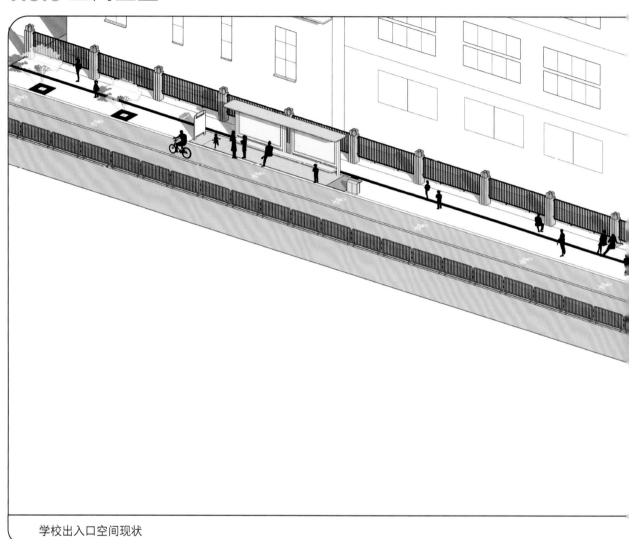

学校出入口空间现状

1. 空间要求

（1）学校出入口应退让出一定的缓冲距离，必须有保障学生安全的相关措施。

（2）学校出入口应设置永久或临时的学生步行专用通道，宽度不小于 2m，新建或改建校园周边道路应设置永久性人行道，宽度不得小于 3m。

（3）学校出入口与道路交叉口的距离不宜低于 200m；过街口的间距不应大于 200m，避免学生绕路过街。

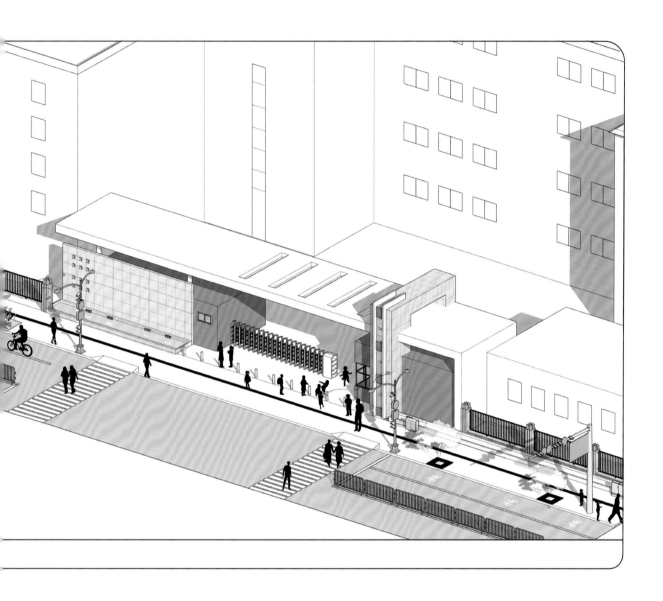

（4）校门口的道路应设置人行护栏、安全岛、减速带、禁停涂装、防撞柱等保障安全的设施，过街口应设置安全便捷的过街设施。

（5）校门口可设置风雨连廊和公共座椅，并应充分考虑家长和学生的需求。

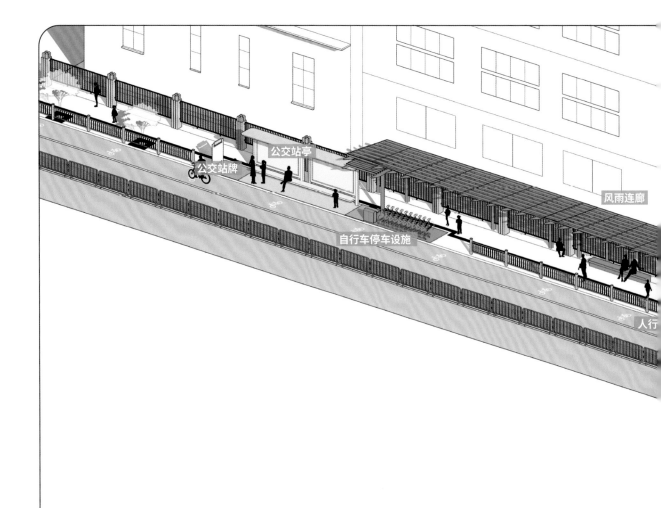

公交站亭

公交站牌

风雨连廊

自行车停车设施

人行

学校出入口空间重塑

2. 设计要点

1) 通行便捷

通过多杆合一的手法将路灯、监控电子眼、标志牌等杆体集为一体，并将公交车站与自行车停放点合并布置，实现空间集约化，从而满足校园出入口人流疏散的需求；并通过风雨连廊实现站点与学校出入口的连接，为学生上下学通行提供便利。

2) 安全防护

防撞柱贴近道路红线设置，扩大学校出入口安全区范围，同时，校门进行一定缓冲距离的后退。校门前划定清晰的斑马线、机动车禁停区域，并设置减速、限速、慢行、让行的标志牌或地面涂装。

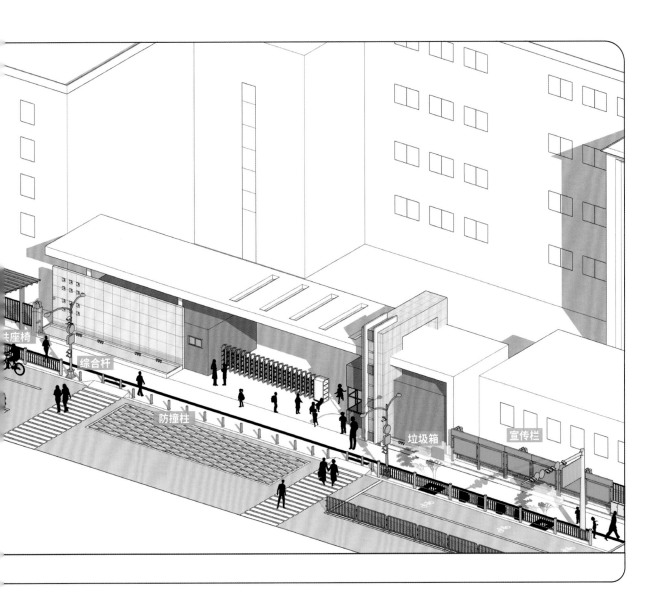

共享座椅

综合杆

防撞柱

垃圾箱

宣传栏

3）增添趣味

结合学校出入口的围墙布置具备校园特色的宣传展示栏，从样式形态、宣传内容等方面展现校园特色和校园文化，起到对外宣传交流的作用。原则上宣传栏前区空间不应放置任何城市家具。垃圾箱和户外市政箱体等应置于信息宣传栏两侧的绿化带内。

4）驻留友好

在学校出入口周边树下空间设置公共座椅，为行人提供可休憩的场所。结合围墙、公交候车亭等设置风雨连廊，为接送学生的家长提供遮阳避雨和休憩的空间。

7.4 工厂出入口空间
Factory Entrance

7.4.1 典型特征

1. 空间特征

（1）工业厂区的出入口是厂区最重要的人群集散处及形象展示空间。

（2）通常厂区门口周边分布有小型餐饮店铺、便利店、报刊亭等。

2. 活动特征

人群类型：厂区职工、求职者、外卖员、快递员。

活动时间：集中在上下班时间。

活动类型：运输通行、上下班出行、休息等候、收发快递、收送外卖。

3. 主要设施

基本型设施	扩展型设施	品质提升型设施
铺装、岗亭、防撞柱、垃圾箱、烟灰柱、路灯、自行车停车设施	公共座椅、宣传栏、树池树篦、监控杆	景观灯、公交候车亭、公交站牌

7.4.2 设计依据

《工业企业总平面设计规范》（GB 50187—2012）

《厂矿道路设计规范》（GBJ 22—87）

7.4.3 设计目标

（1）更绿色：精简多余设施，增加绿色空间比例，方便员工使用，保障快速通行。

（2）更人性：集约布设宣传栏、报刊亭、公共座椅等设施，提高空间利用率，保障高效的人行空间。

增加绿色空间比例

集约布设各种设施

7.4.4 空间现状

问题 1: 非机动车停放杂乱,高峰期影响道路通行。

问题 2: 工厂出入口两侧用地未充分利用,周边缺少休憩、停车等空间。

问题 3: 企业宣传展示栏杂乱,样式老旧,美观性差。

7.4.5 空间重塑

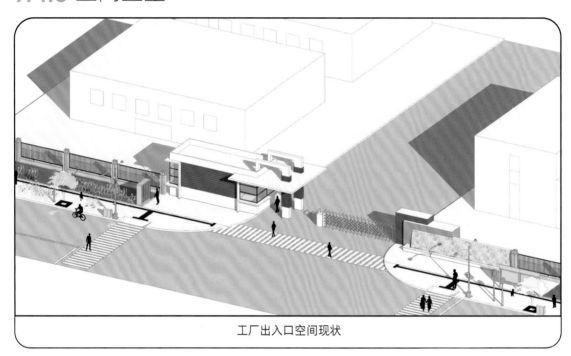

工厂出入口空间现状

1. 空间要求

（1）主要人流出入口宜与主要货流出入口分开设置。主要人流出入口应位于厂区主干道通往居住区的一侧；主要货流出入口应位于主要货流方向，靠近运输繁忙的仓库、场，并与外部运输线路相连接。

（2）厂区出入口应与地铁出入口和公交站保持安全距离：距地铁出入口、公共交通站台边缘距离不应小于 15m；距人行横道、人行天桥的外缘距离不应小于 5m。

（3）人流出入口应当根据使用功能划分空间，利于空间的集约利用。

2. 设施要求

（1）总体布局：合理划分厂区门口空间，并划分休憩区、非机动车停放区、快递外卖区、展示宣传区、零售区等功能区，满足企业员工多样需求。

（2）保障安全：应划定非机动车道，实现机非分离，并辅以防撞柱，保障慢行及休憩空间的安全。

（3）统一风貌：应统筹考虑岗亭、宣传栏、景观小品等设施的风格、材质、颜色，形成统一风貌。

（4）使用舒适：宜合理布设休憩设施，如公共座椅、风雨连廊等，为员工提供舒适的休息等候场所。

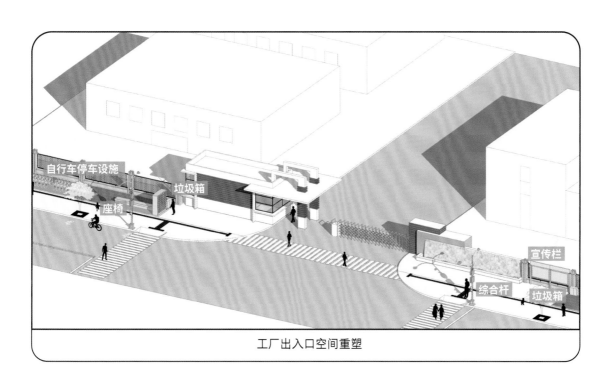

工厂出入口空间重塑

3. 设计要点

1）保持畅通

统一设置长期非机动车区以及外卖、快递车辆临时停放区，妥善设置宣传栏，加强报刊亭、早餐车的管理，保障慢行空间的顺畅连贯。

2）整治风貌

对企业岗亭、宣传栏、围墙等内容进行统一管理，保持整洁并与街道整体风貌相协调。有条件的节点可以增设景观小品，加强空间特征。

3）提供休憩

充分利用道路绿化空间集约设置公共座椅、风雨连廊等设施，为员工提供舒适的休憩空间。

7.5 道路交叉口空间
Road Intersection

7.5.1 典型特征

1. 空间特征

道路交叉口是各种交通方式和交通流线的会集之处，也是各类城市家具集中设置的区域。

2. 活动特征

活动主体：机动车、非机动车、行人。

活动时间：全时段，早晨和傍晚活动较为频繁。

活动类型：机动车、非机动车直行与转弯，行人与非机动车过街。

3. 主要设施

基本型设施	扩展型设施	品质提升型设施
铺装、路灯、防撞柱、交通标志牌、交通监控杆、交通信号灯杆	路名牌、人行护栏、户外市政箱、自行车停车设施	艺术小品、公共雕塑、标语牌、公共座椅、花箱花钵

7.5.2 设计依据

《城市道路交通设施设计规范》（GB 50688—2011）

《城市道路交叉口规划规范》（GB 50647—2011)

7.5.3 设计目标

（1）安全性：注重慢行交通过街的安全保障，营造便捷、通畅的过街环境。

路口的安全设施

（2）便利性：提供足够的步行和骑行空间，重视无障碍设计，方便老人、儿童和残障人士出行。

（3）集约性：集约布设交叉路口各类要素，节约空间，优化交通设施资源。

便利性：福田中心区便利的交通环境

集约性：上海黄浦区多杆合一

7.5.4 空间现状

问题 1： 艺术小品和垃圾箱等非必要设施占用人行空间

问题 2： 各类杆体和箱体妨碍过街通行

问题 3： 多余设施挤占通行空间

7.5.5 空间重塑

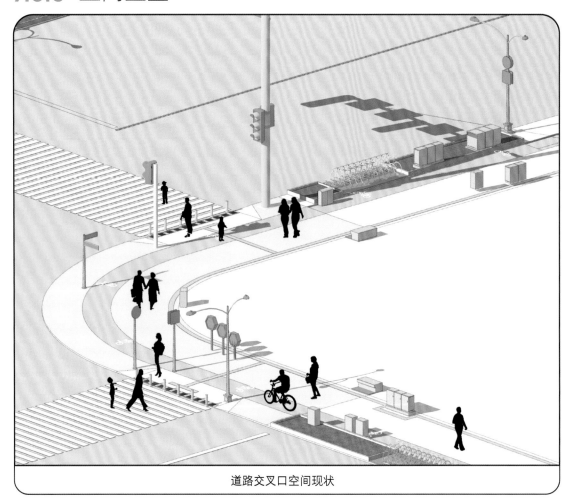

道路交叉口空间现状

1. 空间要求

三角视距原则：平面交叉口红线规划必须满足安全停车视距三角形限界的要求，视距三角形限界内，不得规划布设任何高出道路平面标高 1m 且影响驾驶员视线的物体。

2. 设施要求

（1）总体布局：交叉路口过街设施的总体布局应符合城市道路路网规划、非机动车和行人过街设施规划，并应与交叉路口的几何特征、人流与车流特征、微观交通组织方式等相协调。

（2）位置选择：交叉路口行人过街设施位置的选择，应满足交叉路口周围公交车站、地铁站、商业网点等人流安全集散的要求。

（3）人行横道端部应结合防撞柱设置完善的缘石坡道，以保障行人过街的安全与便捷。

（4）交通标志杆、路名牌等杆件设施不应阻挡人行横道的有效通行宽度。

（5）行人信号灯、路名牌、道路绿化等要素之间不应相互遮挡、妨碍信息读取。

（6）在交叉路口有绿化隔离带的情况下，各设施一般应布设于绿化隔离带内，各杆体应成中心对齐式布置。

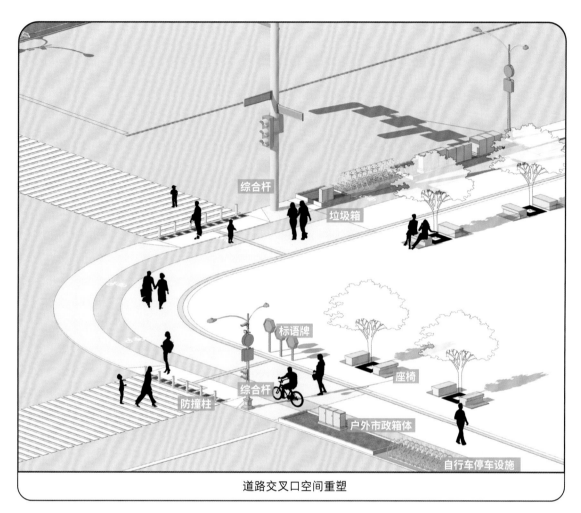

道路交叉口空间重塑

3. 设计要点

1）保持畅通

在道路交叉口限制设置区，根据周边环境的人流集散需求，限制设施种类和数量，清除区域内非必要设施，保持通行畅通。

2）集约杆体

对路灯杆、交通标志牌、信号灯杆、路名牌杆等进行多杆合一，高效利用各项设施，节省占地空间。

3）设施入绿

如需设置垃圾箱、艺术小品等设施，应选择体量相对较小、设置方式较为灵活的设施，且优先考虑放入绿化隔离带中。

整治提升指引
Improvement Guidelines

整治提升指引说明
Improvement Guidelines

1. 指引目的

在关注城市家具增量导控的同时，还需要关注已建成街道城市家具的存量导控，所以我们提出了面向实施衔接管理的街道整治指引，以"绣花"功夫推动城区净化、亮化、美化、绿化，使龙岗区城区环境品质在短期内得到明显提升。

2. 指引内容

整治提升指引从龙岗区六大类设施的问题导向出发，列举现存典型问题照片，并给出相应的正面照片和整治提升方法，整治提升方法包含以"清、修、简、刷、挪"为手段的"减法"整治工具箱和以"兴、建、美、智、管"为手段的"加法"整治工具箱，使各部门实施提升城市家具品质工作时方向更明确、工作更高效。

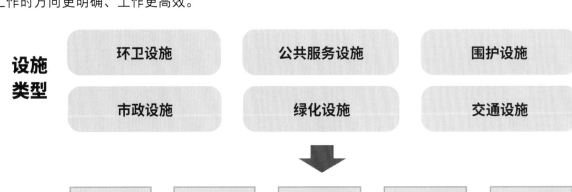

设施类型

环卫设施	公共服务设施	围护设施
市政设施	绿化设施	交通设施

减法

清	修	简	刷	挪
清理清洗脏污设施	修理修补破损设施	精简合并冗杂设施	统一刷新标准刷新	迁挪相互冲突设施

加法

兴	建	美	智	管
提升龙岗人文魅力	建设完善设施功能	植入美学艺术元素	助力打造智慧城市	提升精细管理水平

环卫设施整治
Sanitation Facilities

8.1.1 垃圾箱

1. 典型问题

垃圾箱存在未分类、破损、脏污的问题。

垃圾分类标志错误

部件松动，垃圾箱内胆裸露

2. 整治指引

（1）清：应定期对垃圾箱进行清洁，保证其表面干净整洁、无污渍。

（2）建：应将老旧破损、标志不清、款式落后的垃圾箱更换为样式美观、分类清晰的垃圾箱。

干净整洁，分类清晰

8.1.2 烟灰柱

1. 典型问题

烟灰柱存在清理不及时、脏污、位置设置不当的问题。

设置在路口处，影响交通

表面脏污，垃圾满溢

2. 整治指引

（1）清：应保证烟灰柱表面干净、整洁、无污渍。

（2）简：应合理布设烟灰柱，且可与垃圾箱、路灯、交通指示牌等其他设施进行一体化设计。

表面干净整洁、部件完整

烟灰柱与杆体合杆设置

8.1.3 环卫工具箱

1. 典型问题

环卫工具箱存在标志文字过于醒目、美观性差的问题。

美观性差

2. 整治指引

（1）清：应保证设施表面干净整洁，避免标志文字过于醒目。

（2）简：可结合座椅等其他城市家具设置，使其兼具休憩功能。

环卫工具箱表面干净整洁，不设置文字，且柜门设置在后方

8 2 公共服务设施整治
Public Service Facilities

8.2.1 公共座椅

1. 典型问题

公共座椅存在破损、位置设置不当的问题。

公共座椅破损，存在安全隐患

公共座椅占据行人和自行车通行空间

2. 整治指引

（1）清+刷：应保证公共座椅整体完好、无破损，表面整洁无污渍，样式与环境统一协调。

（2）简+挪：可结合树池、花钵、景观灯等设施，集约设置或靠近道路内侧设置，不抢占通行空间。

座椅整洁无破损，设置在道路内侧

8.2.2 报刊亭

1. 典型问题

（1）报刊亭表面脏污，外立面严重破损，影响街道美观。

（2）报刊亭使用不当，门面侵占盲道，且超亭体外摆放售卖产品，影响道路通行。

（3）报刊亭外观过于陈旧，功能欠缺。

报刊亭老旧破损，表面脏污

2. 整治指引

（1）清＋修：应保证表面干净整洁，无小广告；及时修复翻新老旧设施，并保证其样式、颜色等与周边环境相协调。

（2）管：应对报刊亭进行统一管理，禁止超亭体外摆放售卖，禁止售卖加热食品，可售卖零食、饮料等。

（3）建＋智：更换过于老旧、破损的报刊亭，并逐步升级更新为智慧报刊亭。

智慧报刊亭

8.2.3 岗亭

1. 典型问题一

警务岗亭存在脏污、样式老旧、广告张贴的问题。

老旧的警务岗亭

2. 整治指引一

（1）清：对于无需更换的岗亭，需清洗表面污渍及清理周边杂物，保证亭体及周边干净整洁。

（2）建：对破旧、设施欠佳的老款岗亭进行更新升级，优先更换主干道旁的老旧岗亭。

干净整洁的新式警务岗亭

3. 典型问题二

物业岗亭存在破损、样式老旧、广告张贴的问题。

物业岗亭亭体老旧破损，周边杂物堆放

4. 整治指引二

（1）清：清除岗亭表面污渍、小广告及清理周边杂物，保证亭体及周边干净整洁。

（2）建：建议采用深色系的钢结构岗亭，美观耐用，安全性高。

干净整洁的物业岗亭

8.2.4 艺术小品

1. 典型问题

艺术小品存在脏污、缺少特色的问题。

艺术小品老旧无趣

2. 整治指引

（1）清：应保证景观小品表面干净整洁，无污渍。

（2）美：应符合大众审美，吸引人群与小品互动，且位置摆放合理，不妨碍其他功能。

干净整洁有趣的景观小品

美观、艺术性强的艺术小品

8.2.5 公共雕塑

1. 典型问题

公共雕塑存在脏污、风貌不协调的问题。

雕塑表面破损，缺乏管理

雕塑与环境不协调，无自身特色

2. 整治指引

（1）兴：公共雕塑应体现场地自身特色，展现城市风貌。

（2）清＋管：应加强对公共雕塑的管理，保证其表面无污渍、破损等问题。

公共雕塑管理到位，干净整洁、无破损

公共雕塑具有城市特色和地标性

8.2.6 宣传栏

1. 典型问题

宣传栏存在脏污、风貌不协调、设置位置不当的问题。

宣传栏老旧污浊，风格与周边环境不协调

宣传栏影响交通视线，存在安全隐患

2. 整治指引

（1）简：需拆除多余、不美观、阻碍行人通行的宣传栏，能少则少。

（2）清 + 刷：保留的宣传栏应干净整洁、无污渍，风格与环境协调统一。

（3）智：建议每个社区建一个智能 LED 宣传屏。

宣传栏干净整洁，与环境协调统一

壁挂式智能 LED 宣传屏

8.2.7 标语牌

1. 典型问题

（1）标语牌表面脏污，内容不清晰，不便于阅读。

（2）标语牌的色彩、风格不协调，美观性差。

（3）标语牌样式老旧，缺乏艺术性与现代感。

标语牌表面污浊，内容不清晰

标语牌颜色饱和度过高，美观性差

2. 整治指引

（1）简：去除多余、无用的标语牌，能少则少。

（2）清＋修：应保证标语牌干净整洁，表面无污损，内容清晰。

（3）美：可对标语牌进行艺术化处理，使其更具艺术感染力，并强化宣传教育功能。

标语牌有特色，与环境协调统一

标语牌干净整洁，美观清晰

8.2.8 邮筒

1. 典型问题

邮筒存在破损、脏污、掉漆、生锈的问题。

邮筒表面脏污、锈蚀

2. 整治指引

（1）清 + 刷：应保证邮筒表面干净、无污渍。对掉漆邮筒进行刷新（色标为 YZ/T 0037—2001《邮政标志色及其测试方法》中规定的 PANTONE 342C），筒身喷印中文字样及中国邮政标志为黄色（色标为 PANTONE 116C）。

（2）修 + 管：应保证邮筒完整、无破损，且能够保证正常的使用功能。

邮筒表面干净、无污渍

8.3 围护设施整治
Enclosure Facilities

8.3.1 铁马、水马

1. 典型问题

铁马、水马存在使用不当、摆放杂乱的问题。

施工后未及时移除的铁马

人行道上随意摆放的铁马、水马

2. 整治指引

（1）挪：铁马、水马使用后应立即移除，不得影响市容，占用街道空间。

（2）管：非施工路段使用不锈钢铁马，施工路段设置起警示作用的红色铁马、水马，并规范整齐摆放。

施工路段设置红色铁马、水马起警示作用

非施工路段中使用不锈钢铁马，规范整齐摆放

8.3.2 施工围挡

1. 典型问题一

施工围挡存在破损、风貌不协调的问题。

施工围挡污浊，且广告幅面满铺

老旧破损的蓝色铁皮围挡

2. 整治指引一

（1）清＋修：需保持施工围挡牢固、完整、清洁，及时对存在残缺、破损、污浊等问题的施工围挡进行修复或更换。

（2）美：施工围挡应当与环境相协调，可结合真假草、定制图案或文字体现城市精神文明与场地特色。

结合文字及图案的真草围挡

定制图案的喷绘布围挡

有广告幅面控制的围挡

3. 典型问题二

山体、公园围挡存在封闭、不美观的问题。

山体、公园等周边设置较为封闭的围挡

围挡封闭，样式不美观

4. 整治指引二

（1）简：山体、公园、广场、空地等地块周边不应设置围挡，已设置围挡的应当拆除。

（2）建：山体、公园、广场、空地等地块周边确需设置围挡的，应设置通透性高的网状围挡。

拆除围挡

选用美观且通透性好的围挡

5. 典型问题三

楼栋间、城中村中围挡存在生锈、陈旧的问题。

楼栋间围挡老旧、生锈

6. 整治指引三

（1）简：拆除楼栋间、城中村中多余无用、生锈老旧的围挡。

（2）建：将生锈老旧围挡更换为样式美观、牢固耐用的灰黑色镀锌钢格栅围挡或镂空铝板围挡及铁质围挡。

铁质格栅围挡

灰色镀锌钢格栅围挡

8.3.3 围墙

1. 典型问题
围墙存在破损、脏污、缺乏管理、风貌不协调的问题。

围墙破损，修补随意

围墙老旧、青苔滋生

2. 整治指引

（1）修：需保持围墙牢固、完整、美观，损坏的围墙应及时修补。

（2）兴＋美：应当结合场所特色，使围墙与环境相协调。

围墙干净整洁

凸显场所特色，与周边环境相协调

8.4 市政设施整治
Municipal Facilities

8.4.1 市政井盖

1. 典型问题

市政井盖存在破损、脏污的问题。

井盖油漆色彩突兀，且表面脏污

井盖表面破损，存在安全隐患

2. 整治指引

（1）建：有条件的路段选用填充式装饰井盖，一般路段选用耐用的球墨铸铁井盖，特色街区选用铸铁艺术井盖。

（2）清：市政井盖表面应干净、无污渍，不刷油漆，与环境相融合。

（3）建＋管：市政井盖一旦出现丢失、破损、凹陷等问题，需立即处理，避免发生安全事故。

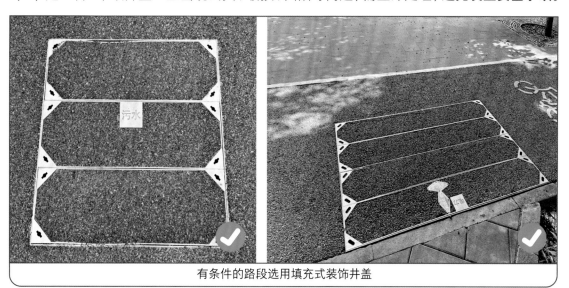

有条件的路段选用填充式装饰井盖

一般路段选用球墨铸铁井盖　　　　　　特色街区选用铸铁艺术井盖

8.4.2 雨水箅子

1. 典型问题

雨水箅子存在破损、脏污的问题。

雨水箅子破损、塌陷

雨水箅子表面脏污

2. 整治指引

（1）清：刷新或清洗雨水箅子表面，使其干净、无污渍。

（2）修：雨水箅子出现破损时应当及时修补，保证其连续无破损。

雨水箅子连续无破损，表面干净、无污渍

8.4.3 户外市政箱及保护罩

1. 典型问题一

市政箱存在破损、设备丢失、风貌差的问题。

电信箱柜门丢失

电信箱柜表面污浊

2. 整治指引一

（1）刷：表面及底座可刷新成灰色系，并喷绘产权单位、箱柜编码等必要的文字信息。

（2）美：可以增加穿孔板保护罩，进行艺术化提升。

电信箱喷绘必要文字信息

灰色穿孔板保护罩

3. 典型问题二

保护罩老旧，破损，有污渍。

电力箱护栏与标牌老旧、破损

4. 整治指引二

（1）清：清理电力箱顶部以及电力箱护栏内的垃圾和杂物。

（2）洗：对电力箱表面进行清洗，保证电力箱和护栏表面干净、无污渍。

（3）美：重点路段可使用深圳供电局设计的"璀璨盒子"电力箱保护罩，一般路段可使用灰色穿孔板电力箱保护罩或用植物遮挡。

"璀璨盒子"电力箱保护罩

灰色穿孔板电力箱保护罩

8.4.4 消火栓

1. 典型问题

消火栓存在破损、掉漆，位置设置不当的问题。

消火栓表面掉漆，且设施破损	消火栓位置设置不合理，占用通行空间

2. 整治指引

（1）清＋刷：应保证消火栓表面干净、无污渍，对表面掉漆的消火栓进行标准化刷新。

（2）修：消火栓应当完整、无破损，可以正常使用。

（3）挪：消火栓应设置在绿化带中，不占用通行空间。

消火栓表面干净，且设置在绿化带内

8.4.5 路灯

1. 典型问题

路灯存在灯具破损、掉漆、灯杆倾斜、立杆未整合的问题。

灯杆倾斜、掉漆、样式老旧

过量、无序立杆造成街道空间杂乱

2. 整治指引

（1）清＋修：路灯需保证照明充足、灯具无破损，灯具及杆身无掉漆、无污渍、无张贴广告。

（2）简：整合路灯杆范围 5m 内的立杆，以减少街道上的立杆数量，保持街面整洁。

路灯无破损，样式美观时尚

路灯与交通标志牌整合设置

8.4.6 景观灯

1. 典型问题

景观灯存在破损、缺乏管理的问题。

灯具破损歪斜，影响景观美感

2. 整治指引

（1）清＋美：景观灯具表面应干净、无污渍，且灯具与灯光设置应与环境协调统一。

（2）修＋管：加强对景观灯具的管理，保障灯具完好、无破损。

景观灯具无破损，管理到位

8 5 绿化设施整治
Greening Facilities

8.5.1 树池树箅

1. 典型问题

树池树箅存在易破损、不耐久的问题。

树箅材料不耐久，易破损

树池破损

2. 整治指引

美：树篦可选用不锈钢、镀锌铁板等耐久材料制作，降低维护成本。可通过激光切割形成不同的图案，凸显文化性和艺术性，提升城市风貌。

保持树池整洁，使用不锈钢材质制作树篦

带有艺术性图案的树篦

8.5.2 花箱花钵

1. 典型问题
花箱花钵存在破损、位置设置不当的问题。

花箱占用人行通道，阻碍行人通行空间

花箱破损严重

2. 整治指引

美 + 挪：花箱花钵的样式需实用美观，并种植抗性强、观赏期长、景观效果好的植物。花箱花钵设置位置不得阻挡行人通行。

干净整洁、富有设计感的花箱

节省空间、美化环境的花箱

8.5.3 护树架

1. 典型问题
护树架存在设施不耐久、易生锈的问题。

不结实的竹制护树设施

金属护树设施老旧生锈

2. 整治指引

刷: 护树架选取的材料、风格应与周边环境协调统一。金属类护树架颜色统一规范为深灰色，参考《漆膜颜色标准样卡》（GSB05-1426-2001）中的"71 B01 深灰"。

深灰色镀锌钢管材质的护树架，整洁美观

交通设施整治
Transportation Facilities

8.6.1 风雨连廊

1. 典型问题

风雨连廊存在脏污、破损，与地铁口及公交站点衔接不顺畅的问题。

风雨连廊脏污、破损

2. 整治指引

（1）管：保持连廊空间干净整洁，禁止停放自行车。

（2）建：连廊应与地铁口、公交站点无缝衔接。

风雨连廊干净整洁、无污渍

8.6.2 地铁指示牌

1. 典型问题

地铁指示牌存在破损、掉漆、倾倒、样式老旧、不美观的问题。

| 地铁指示牌倾斜 | 地铁指示牌老旧 |

2. 整治指引

（1）清：应保证地铁指示牌表面无污渍、破损，内容清晰，且周边无遮挡，可见性好。

（2）建：全面拆除老旧的地铁指示牌，统一更换为深圳市新款地铁指示牌。

地铁指示牌清晰

8.6.3 公厕指示牌

1. 典型问题

公厕指示牌存在破损、样式老旧的问题。

公厕指示牌破损

公厕指示牌样式老旧

2. 整治指引

（1）清：应保证公厕指示牌表面无污损、掉漆，内容清晰可见。

（2）简：公厕指示牌与路灯、交通指示牌等各类杆体进行集约化设置。

公厕指示牌与杆体集约化设置，干净整洁

8.6.4 路名牌

1. 典型问题
路名牌存在破损、脏污、样式老旧的问题。

路名牌破损、脏污，内容不清晰

路名牌破损、样式老旧

2. 整治指引
（1）清：应保证路名牌表面无脏污、破损，内容清晰，且周边无遮挡，可见性好。
（2）建：拆除老旧的路名牌，更换为深圳市新款路名牌。

新款独立式路名牌

8.6.5 交通信号灯杆

1. 典型问题

交通信号灯杆存在破损、脏污的问题。

交通信号灯杆表面锈蚀、脏污

破损交通信号灯杆未及时拆除

2. 整治指引

（1）清：应保证交通信号灯杆无掉漆、无脏污、无张贴广告。

（2）简：对交通信号灯杆、交通监控杆等各类杆体进行集约化设置。

灯杆整洁，多杆合一

8.6.6 交通监控杆

1. 典型问题一

交通监控杆存在破损、缺乏管理的问题。

交通监控杆表面锈蚀、脏污、掉漆

2. 整治指引一

（1）清：应保证交通监控杆表面无掉漆、无脏污、无张贴广告。

（2）修 + 管：应保证交通监控杆无裸露破损，杜绝安全隐患。

杆体及漆面整洁、无污损

3. 典型问题二

交通监控杆存在杆件设置繁多的问题。

近距离设置多处杆件,影响通行

4. 整治指引二

简:将交通监控杆、交通信号灯杆、路灯杆等进行整合,实现多杆合一。

多杆合一

8.6.7 交通标志牌

1. 典型问题

交通标志牌存在破损、杆体位置不当的问题。

交通标志牌破损、老旧   交通标志牌多而杂乱

2. 整治指引

（1）清＋修：应保证交通标志牌表面整洁、无破损，内容清晰无误。

（2）简：整合间距 5m 以内的标志牌，实行多杆合一。

标志牌整合

8.6.8 人行护栏

1. 典型问题

人行护栏存在破损、掉漆、样式老旧的问题。

护栏生锈、破损，维护不及时

护栏生锈、脏污

2. 整治指引

建：拆除破损、老旧的护栏。护栏应当完整连续、底座稳固，材质使用镀锌钢材，样式参考《深圳市道路设施品质提升指引》，与整体道路协调。

港式护栏

德式护栏

8.6.9 防撞柱

1. 典型问题
防撞柱存在倾倒、样式不统一、不耐久的问题。

防撞柱倾倒、样式不统一

防撞柱过细，易被破坏

2. 整治指引

（1）清：应保证防撞柱干净整洁、无污渍、无张贴广告，样式风格与环境协调一致。

（2）建：宜选用直径大于 25cm、底端稳固的款式；表面应设反光膜、警示灯等，防止车辆夜间误撞。

不锈钢防撞柱的风格与环境协调一致

防撞柱表面设置反光膜、警示灯

8.6.10 公交候车亭

1. 典型问题

公交候车亭存在缺乏管理的问题。

公交候车亭无照明，非机动车乱停乱放

2. 整治指引

（1）清：清理公交候车亭表面污渍和周边杂物，保证公交候车亭亭体及周边干净整洁。

（2）建：增加公交候车亭灯箱照明及附近路灯照明。

（3）管：合理划定公交候车亭附近的非机动车停放区。

光线充足，站台附近清爽整洁、无杂物

8.6.11 公交站牌

1. 典型问题

公交站牌存在夜间可见性差、查阅信息难的问题。

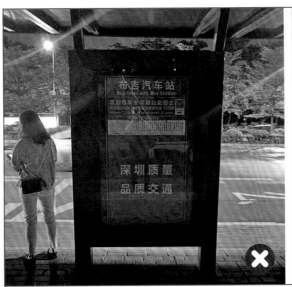

公交站牌内无灯带照明、线路信息难辨

2. 整治指引

（1）清：应保持公交站牌干净整洁、无污渍、无张贴广告。

（2）建：公交站牌内应设置照明设备，颜色统一，高度适宜。

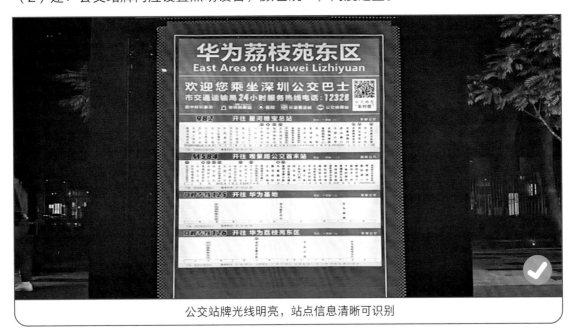

公交站牌光线明亮，站点信息清晰可识别

8.6.12 自行车停放设施

1. 典型问题一

自行车停车设施存在规划不合理、陈旧、缺乏管理的问题。

街边未设置自行车停车设施或区域	自行车停车设施破损、老旧

2. 整治指引一

（1）简：建议不再新增停车架，现状完好的可保留，并定期维护，现状已破损的停车架应拆除。

（2）建：合理划定自行车停车区，保证画线清晰，不影响车辆和行人通行。

非机动车停车区画线清晰，位置合理

3. 典型问题二

自行车驿站存在生锈、陈旧、使用效率低、位置设置不当的问题。

老旧、生锈、无人使用的自行车驿站

4. 整治指引二

简：由于自行车驿站使用率极低，且占据街道空间，建议全面拆除。

拆除自行车驿站

8.6.13 绿道标志设施

1. 典型问题
绿道标志设施存在脏污、内容模糊、信息缺失的问题。

标牌脏污，绿道信息不全

2. 整治指引

（1）清：应保证绿道标志设施表面干净、无污渍、无广告张贴和乱涂乱画等，标志内容清晰可见。

（2）建：绿道标志设施样式应统一按照广东省住房和城乡建设厅发布的《珠三角绿道网标识系统设计》进行设置。

干净整洁的绿道标志设施以及清晰完善的绿道信息

8.6.14 步行者导向牌

1. 典型问题
步行者导向牌存在破损、脏污、内容模糊、信息缺失的问题。

步行者导向牌破旧、内容模糊不清

2. 整治指引

（1）简：应拆除破损、无用的步行者导向牌，拆除后原则上不再新增。

（2）清＋智：清洗翻新有污渍的导向牌，保证内容清晰可见。有条件的可设置电子导向牌。

导向牌干净整洁、内容清晰

电子导向牌

8.6.15 人行道铺装

1. 典型问题

人行道铺装存在破损、与其他铺装不协调的问题。

铺装破损

材质不统一、不美观、不协调

2. 整治指引

（1）清：人行道铺装表面应干净、无污渍、无杂物，且与周边环境相协调。

（2）建：人行道铺装应为防滑材料，保证路面无塌陷、破损、积水。

铺装干净平整，颜色样式协调

8.6.16 盲道

1. 典型问题

盲道存在破损、缺失、位置设置不当的问题。

盲道被打断，路面塌陷

盲道位置设置不合理

2. 整治指引

建：盲道应平整、无破损、无积水；盲道连贯、无缺失中断，位置设置合理。

盲道连贯、无缺失，铺装符合规范

8.6.17 缘石坡道

1. 典型问题

缘石坡道存在破损、建造不符合规范的问题。

缘石脏污、破损

缘石坡道设置不合规

2. 整治指引

建：缘石坡道的坡面应平整防滑、连贯、无缺失，铺装方式符合规范。

缘石铺装符合规范、无破损、干净连续

附录1 术语

1. 蒙赛尔色彩体系

蒙塞尔色系是用立体模型来表示颜色的一种方法。它用一个三维空间的类似球体模型，把各颜色的色相、明度和纯度表示出来。蒙塞尔色系包含5个基本色：红 (R)、黄 (Y)、绿 (G)、蓝 (B)、紫 (P)。还包含5个中间色：黄红 (YR)、黄绿 (YG)、蓝绿 (BG)、蓝紫 (BP)、红紫 (RP)。蒙塞尔立体模型的垂直轴代表明度等级，水平轴代表纯度等级。

2. 点缀色

点缀色是为了达到美化城市家具的目的而点缀使用的颜色，色彩较为鲜艳，饱和度高，起到画龙点睛的作用。

3. 辅助色

辅助色选用能够衬托核心要素、支持与调和基调色并起到补充作用的色彩，与基调色配合使用。

4. 文化石

文化石又名铸石，指表面粗糙的天然或人造石材。天然文化石从材质上可分为沉积砂岩和硬质板岩；人造文化石产品是采用水泥、沙子、陶粒等无机材料经过专业加工以及特殊的蒸养工艺制作而成的。

5. 塑木

塑木是以塑料（聚丙烯 (PP)、聚乙烯 (PE)、聚氯乙烯 (PVC) 等回收的废旧塑料）为原料，添加木粉、稻壳、秸秆等废弃植物纤维混合制成木质材料，再经挤压、模压、注射成型等塑料加工工艺，生产出的板材或型材。

6. 透水砖

透水砖是以无机非金属材料为主要原材料，经成型等工艺处理后制成的铺地砖。砖体具有较强的水渗透性能。

7. 多杆合一

多杆合一指的是将街区界面上的各类交通设施杆件、市政设施杆件以及信息服务牌等，以立地条件、杆件结构特性为依据进行分类整合。

8. 多箱协调

多箱协调是指将街道空间范围内的各类通信、广电、交通、监控等弱电箱体进行整合设置。形式上可分为多箱归并和多箱集中。

9. 无障碍设计

无障碍设计强调，一切有关衣食住行的公共空间环境以及各类设施的规划设计，都必须充分考虑具有不同程度生理伤残缺陷者和正常活动能力衰退者（如残疾人、老年人）的使用需求，配备能够应答、满足这些需求的服务功能与装置。

10. 公共设施带

公共设施带是路侧带中为人行护栏、路灯、交通标志牌、公共座椅、自行车停车设施、户外市政箱、报刊亭等公共服务设施提供的条形场地。

11. 视距三角形

视距三角形指的是平面交叉路口处，由一条道路进入路口行驶方向的最外侧的车道中线与相交道路最内侧的车道中线的交点为顶点，两条车道中线各按其规定车速停车视距的长度为两边，所组成的三角形。在视距三角形内不允许有阻碍司机视线的物体和道路设施存在。

12. 安全岛

安全岛是指设置在往返车行道之间，供行人横穿道路临时停留的交通岛。

附录2 相关规范及标准

国家规范及标准

《城市绿地设计规范》（GB 50420—2007）（2016局部修订）

《报刊亭等亭体管理规范》（深城管通［2018］166号）

《室外排水设计标准》（GB 50014—2021）

《检查井盖》（GB/T 23858—2009）

《城市容貌标准》（GB 50449—2008）

《无障碍设计规范》（GB 50763—2012）

《室外消火栓》（GB 4452—2011）

《道路交通信号灯》（GB 14887—2011）

《城市道路交叉口规划规范》（GB 50647—2011）

《消防给水及消火栓系统技术规范》（GB 50974—2014）

《城市道路交通标志和标线设置规范》（GB 51038—2015）

《公共信息导向系统 设置原则与要求 第10部分：街区》（GB/T 15566.10—2009）

《生活垃圾分类标志》（GB/T 19095—2019）

《城市环境卫生设施规划规范》（GB/T 50337—2018）

《城市综合交通体系规划标准》（GB/T 51328—2018）

《中小学校设计规范》（GB 50099—2011）

《城市园林绿化评价标准》（GB/T 50563—2010）

《城市工程管线综合规划规范》（GB 50289—2016）

《城市道路交通标志和标线设置规范》（GB 51038—2015）

《城市道路交通设施设计规范》（GB 50688—2011）

地方性规范及标准

《北京市地方标准——城市道路公共服务设施设置与管理规范》（DB11/T 500—2016）

《深圳市工程建设标准——道路设计标准》（SJG 69—2020）

《珠三角绿道网标识系统设计》

行业规范及标准

《城市道路绿化规划与设计规范》（CJJ 75—97）

《城镇道路工程施工与质量验收规范》（CJJ 1—2008）

《施工现场临时建筑物技术规范》（JGJ/T 188—2009）

《水工挡土墙设计规范》（SL 379—2007）

《城市道路照明设计标准》（CJJ 45—2015）

《城镇道路路面设计规范》（CJJ 169—2012）

《城市道路公共交通站、场、厂工程设计规范》（CJJ/T 15—2011）

《城市夜景照明设计规范》（JGJ/T 163—2008）

《信筒》（YZ/T 0067—2002）

《城市道路工程设计规范》（CJJ 37—2012）

《环境卫生设施设置标准》（CJJ 27—2012）

《 城市道路工程设计规范》（CJJ 37—2012）

《深圳市自行车停放区（路侧带）设置指引》（试行）

参考文献

[1] 刘思宇，曹磊，窦逗. 城市家具规划设计实践与研究 [J]. 大众文艺，2018，447（21）：65-66.

[2] 漆德琰. 城市家具——国外公共凳椅 [J]. 家具与室内装饰，1998（3）：4-5.

[3] 鲍诗度，王淮梁，孙明华. 城市家具系统设计 [M]. 北京：中国建筑工业出版社，2006.

[4] 陈宇. "街道家具"规划设置探索 [J]. 科技情报开发与经济，2006（14）：109-111.

[5] 画报社编辑部. 日本景观设计系列4——街道家具 [M]. 唐建，高莹，杨坤，译. 沈阳：辽宁科学技术出版社，2003.

[6] 鲍诗度，史朦. 中国城市家具理论研究 [J]. 装饰，2019（07）：12-16.

[7] 城市家具系统建设指南（T/CAS 368-2019）[M]. 中国标准化协会，2019-09-20: 1-3.

[8] 万敏，秦珊珊，干婕. 城市家具及其类型学规划设计方法研究——以珠海市城市家具设置规划为例 [J]. 中国园林，2015，31（12）：50-55.

[9] 鲍诗度，宋树德，王艺蒙，等. 城市家具建设指南 [M]. 北京：中国建筑工业出版社，2019.

[10] 周术，于爱芹，宋晓华. 街道家具与城市景观的共生 [J]. 四川建筑科学研究，2007(4)：203-206.

[11] 宋树德. 城市街道家具系统设计研究 [C]// 时尚·创新·设计——第一届上海暨长三角设计学研究生学术论坛论文集. 2012：113-123.

[12] 褚军刚. 基于空间叙事的城市感性家具设计研究 [J]. 创意与设计，2018（2）：77-80.

[13] 方晓风. 城市家具研究现状与前景展望 [J]. 家具，2022，43（2）：1-7.

[14] 马楚桥，张中天，任新宇. 论城市家具设计现状及其发展趋势 [J]. 设计，2020，33(1): 128-130.

[15] 周波. 基于未来智慧城市愿景的城市家具设计研究 [D]. 中国美术学院，2019.

[16] 龙瀛，周垠. 街道活力的量化评价及影响因素分析——以成都为例 [J]. 新建筑，2016（1）：52-57.

[17] 美国全球城市设计倡议协会，美国国家城市交通官员协会. 全球街道设计指南 [M]. 王小斐，胡一可，译. 南京：江苏凤凰科学技术出版社，2018.

[18] 广州市规划和自然资源局，广州市城市规划勘测设计研究院. 广州市城市家具建设指引 [Z]. 2020.

[19] 广州市住房和城乡建设委员会，广州市城市规划勘测设计研究院，胡峰，等. 广州市城市道路全要素设计手册 [M]. 北京：中国建筑工业出版社，2018.

[20] 深圳市交通运输委员会市交通公用设施管理局，深圳市城市交通规划设计研究中心. 深圳市道路设施品质提升设计指引 [Z]. 2019.

[21] 深圳市交通运输委员会，深圳市道路设计指引（试行）[Z]. 2017.

[22] 深圳市规划和自然资源局. 深圳市美丽街区设计指引 [Z]. 2020.

[23] 深圳市城市管理和综合执法局 . 深圳市打造美好街区设计指引 [Z]. 2021.

[24] 深圳市福田区城市管理和综合执法局 , 深圳市城市交通规划设计研究中心集团股份有限公司 , 张晓春 , 等 . 深圳市福田区街道设计导则 [M]. 北京 : 经济日报出版社 , 2020.

[25] 罗湖区发展研究中心 . 罗湖区完整街道设计导则：重构罗湖街道生活 [Z]. 2018.

[26] 上海市规划和国土资源管理局 , 上海市交通委员会 , 上海市城市规划设计研究院 . 上海市街道设计导则 [M]. 上海 : 同济大学出版社 , 2016.

[27] 南京市规划和自然资源局 . 南京市街道设计导则（试行）[EB/OL].
2018. http://ghj.nanjing.gov.cn/ghbz/cssj/201802/t20180208_875978.html.

[28] 江苏省住房和城乡建设厅 . 江苏省城市街道空间精细化设计建设：城市家具建设指南 [EB/OL]. 2018. http://jsszfhcxjst.jiangsu.gov.cn/art/2018/11/29/art_49384_8895227.html.

[29] 成都市规划和自然资源局 . 成都市公园城市街道一体化设计导则 [EB/OL]. 2020.
http://mpnr.chengdu.gov.cn/ghhzrzyj/sjwj/2020-07/07/content_4abd7e9a64dd4deba9d30e8102c18eec.shtml.

[30] 北京市规划和自然资源管理委员会 . 北京街道更新治理城市设计导则 [M]. 北京 : 中国建筑工业出版社 , 2019.

[31] 唐燕 , 李婧 , 王雪梅 , 等 . 街道与街区设计导则编制实践：北京朝阳的探索 [M]. 北京 : 清华大学出版社 , 2019.